冯承天◎著

从一元一次方程
到伽罗瓦理论

第二版

Évariste Galois
1811 年~1832 年

华东师范大学出版社·上海

图书在版编目（CIP）数据

从一元一次方程到伽罗瓦理论/冯承天著. —2 版.
—上海：华东师范大学出版社，2019
ISBN 978 - 7 - 5675 - 8738 - 0

Ⅰ.①从⋯ Ⅱ.①冯⋯ Ⅲ.①数学—普及读物 Ⅳ.
①O1 - 49

中国版本图书馆 CIP 数据核字(2019)第 019276 号

从一元一次方程到伽罗瓦理论(第二版)

著　　者　冯承天
策划组稿　王　焰
项目编辑　王国红
特约审读　周　俊
责任校对　王丽平
封面设计　卢晓红

出版发行　华东师范大学出版社
社　　址　上海市中山北路 3663 号　邮编 200062
网　　址　www.ecnupress.com.cn
电　　话　021 - 60821666　行政传真 021 - 62572105
客服电话　021 - 62865537　门市(邮购)电话　021 - 62869887
地　　址　上海市中山北路 3663 号华东师范大学校内先锋路口
网　　店　http://hdsdcbs.tmall.com

印　刷　者　常熟高专印刷有限公司
开　　本　787 毫米×1092 毫米　1/16
印　　张　10
字　　数　148 千字
版　　次　2019 年 10 月第 2 版
印　　次　2025 年 1 月第 6 次
书　　号　ISBN 978 - 7 - 5675 - 8738 - 0
定　　价　40.00 元

出 版 人　王　焰

(如发现本版图书有印订质量问题,请寄回本社客服中心调换或电话 021 - 62865537 联系)

献给热爱研读数学的朋友们

总　序

早在 20 世纪 60 年代,笔者为了学习物理科学,有幸接触了很多数学好书.比如:为了研读拉卡(G. Racah)的《群论和核谱》[1],研读了弥永昌吉、杉浦光夫的《代数学》[2];为了翻译卡密里(M. Carmeli)和马林(S. Malin)的《转动群和洛仑兹群表现论引论》[3]、密勒(W. Miller. Jr)的《对称性群及其应用》[4]及怀邦(B. G. Wybourne)的《典型群及其在物理学上的应用》[5]等,仔细研读了岩堀长庆的《李群论》[6]……

学习的过程中,我深深感到数学工具的重要性.许多物理科学领域的概念和计算,均需要数学工具的支撑. 然而,很可惜:关于群的起源的读物很少,且大部分科普读物只有结论而无实质性内容,专业的伽罗瓦理论则更是令普通读者望文生"畏";如今,时间已过去半个多世纪,我也年逾古稀,得抓紧时机提笔,同广大数学爱好者们重温、分享这些重要的数学知识,一起体验数学之美,享受数学之乐.

深入浅出地阐明伽罗瓦理论是一个很好的切入点,不过,近世代数理论比较抽象,普通读者很难理解并入门. 这就要求写作者必须尽可能考虑普通读者的阅

① 梅向明译,高等教育出版社,1959.
② 熊全淹译,上海科学技术出版社,1962.
③ 栾德怀,张民生,冯承天译,华中工学院,1978.
④ 栾德怀,冯承天,张民生译,科学出版社,1981.
⑤ 冯承天,金元望,张民生,栾德怀译,科学出版社,1982.
⑥ 孙泽瀛译,上海科学技术出版社,1962.

读基础,体会到初学者感到困难的地方,尽量讲清楚每一个数学推导的细节.其实,群的概念正是从数学家对根式求解的探索中诞生的,于是,我想就从历史上数学家们对多项式方程的根式求解如何求索讲起,顺势引出群的概念,帮助读者了解不仅在物理学领域,而且在化学、晶体学等学科中的应用也十分广泛的群论的起源.

2012 年,我的第一本——《从一元一次方程到伽罗瓦理论》出版.从一元一次方程说起,一步步由浅入深、循序渐进,直至伽罗瓦——一位极年轻的天才数学家,详述他是如何初创群与域的数学概念,如何完美地得出一般多项式方程根式求解的判据.图书付梓之后,承蒙读者抬爱,多次加印,这让笔者受到很大鼓舞.

于是,我写了第二本——《从求解多项式方程到阿贝尔不可能性定理——细说五次方程无求根公式》.这本书的起点稍微高一些,需要读者具备高中数学的基础.仍从多项式方程说起,但是,期望换一个角度,在"不用群论"的情况下,介绍数学家得出"一般五次多项式方程不可根式求解"结论(也即"阿贝尔不可能性定理")的过程.在这本书里,我把初等数论、高等代数中的一些重要概念与理论串在一起详细介绍.比如:为了更好地诠释阿贝尔理论,使之可读性更强一些,我用克罗内克定理来推导出阿贝尔不可能性定理等;为了向读者讲清楚克罗内克方法,引入了复共轭封闭域等新的概念,同时期望以一些不同的处理方法,对第一本书《从一元一次方程到伽罗瓦理论》所涉及的内容作进一步的阐述.

写作本书的过程中,我接触到一份重要的文献——H. Dörrie 的 *Triumph der Mathematik*:*hundert berühmte Probleme aus zwei Jahrtausenden mathematischer Kulture*,Physica-Verlag,Würzburg,Germany,1958.其中的一篇,论述了阿贝尔理论.该书的最初版本为德文,而该文的内容则过于简略,已经晦涩难懂,加上中译本系在英译本的基础上译成,等于是在英译德的错误基础上又添了中译英的错误,这就使得该文成了实实在在的"天书".在笔者的努力下,阿贝尔理论终于有了一份可读性较强的诠释.衷心期望广大数学爱好者,除了学好数学,也多学一点外语,这样,碰到重要的文献,能够直接查询原版,读懂弄通,此为题外话.

　　写成以上两本之后,仍感觉需要进一步补充和提高,于是写了第三本——《从代数基本定理到超越数——一段经典数学的奇幻之旅》.本书在写作方式上,继续沿用前两本的方式,从普通读者知晓的基本的代数知识出发,循序渐进地阐明数学史上的一系列重要课题,比如:数学家们如何证明代数基本定理,如何证明 π 和 e 是无理数,并继而证明它们是超越数,期望使读者在阅读本书的过程中,掌握多项式理论、域论、尺规作图理论等;也期望在这本书里,对第一本、第二本未讲清楚的地方继续进行补充.

　　借这三本书再版的机会,我对初版存在的印刷错误进行了修改,对正文的内容进行了补充与完善,使之可读性更强,力求自成体系.

　　另外,借"总序"作一个小小的新书预告.关于本系列,笔者期望再补充两本:第四本是《从矢量到张量》,第五本是《从空间曲线到黎曼几何》.①笔者认为"矢量与张量""空间曲线与黎曼几何"都是优美而且有重大应用的数学理论,都应该而且能够被简洁明了地介绍给广大数学爱好者.

　　衷心期望数学——这一在自然科学和人文科学中都有重大应用的工具,能得到更大程度的普及,期望借本系列出版的机会,与更多的数学、物理学工作者,数学、物理学爱好者,普通读者分享数学的知识、方法及学习数学的意义,期望大家学习数学的同时,能体会到数学之美,享受数学!

冯承天

2019 年 4 月 4 日于上海师范大学

---

　　①　作者在新书撰写的过程中,已经将"黎曼几何"的内容纳入《从矢量到张量》一书,另一册新书中,对该内容不再赘述,书名修改为《从空间曲线到高斯-博内定理》;两册新书出版的顺序可能亦有变化.——加印时出版者注

前　言

　　1832 年 5 月 30 日清晨，随着一声枪响划破巴黎的长空，年龄还不到 21 岁的伽罗瓦(Évariste Galois, 1811—1832)倒了下去，第二天他就因急性腹膜炎离开了人间. 然而，他却给人们留下了一份极为宝贵的珍品——伽罗瓦理论.

　　伽罗瓦在 19 岁时创建了这一理论，彻底而又完美地解决了近 300 年来多项式方程的根式求解问题. 但他的天才思想大大超越了时代，以致当时的一些数学大师都"完全不能理解". 不过人们还是逐渐理解和掌握了他的思想和理论，而且从他所创立并完善的群、域等概念中发展出一门新的数学分支——近世代数学，并且使得这些有关的概念、思想和理论成为数学、物理、化学、晶体学，甚至密码学等学科中不可或缺的重要武器.

　　伽罗瓦理论深刻又优美，不过它确实过于深奥，所以为了与广大数学爱好者分享这一理论，本书起点较低：只要求读者掌握复数的概念与运算. 为了尽量说得透彻而详尽，本书多从具体例子谈起，且做到前后呼应，在阐述整个理论来龙去脉的同时，使读者能见树又见林. 随着理论的逐步展开与深入，我们还会不断地和大家一起去解决一系列著名的古典难题，比如：尺规作图问题、三次实系数不可约方程的"不可简化情况"以及伽罗瓦的根式可解判别定理等.

　　本书后附有参考文献，这是笔者在研读伽罗瓦理论和撰写本书时读过的部分好书. 本书中没有细述的那些部分，读者都可以在所引的书目中找到详细的阐述.

　　一系列的教学实践使笔者深信:只要勤于思考,你就一定能掌握近世代数的一些内容、方法和理论;只要乐于思考,你就一定能理解伽罗瓦理论的精髓及其各种重大应用.愿广大数学爱好者在阅读本书的同时也能得到美的享受.

　　最后,我要感谢首都师范大学栾德怀教授的长期的关心、教导与鞭策,也要感谢上海师范大学周才军教授,他仔细地阅读了全书,并提出了一些宝贵的意见和建议.上海考试院的牟亚萍女士认真打出了一次又一次的修改稿件,为本书的出版作出了巨大努力.还有华东师范大学出版社的诸位同仁,他们为本书的出版给予了极大的促进和帮助.

　　希望本书成为广大的数学爱好者学习数域之伽罗瓦理论的一本可读性较强的读物;衷心期望得到读者的批评和指正.

冯承天

2011 年 5 月于上海师范大学

内 容 简 介

　　本书共二十八章,是论述多项式方程求解过程及数域上的伽罗瓦理论的一本入门读物.

　　本书按历史发展从解一元一次方程谈起,详述了一元二次方程、一元三次方程,以及一元四次方程的各种解案,从而自然地引出了群、域,以及域的扩张等概念. 由此,本书在讨论了集合论后,用近代方法详细阐明了对称群、可迁群、可解群、有限扩域、代数扩域、正规扩域以及伽罗瓦理论等,同时又引导读者一步步地去解决一系列著名的古典难题,如尺规作图问题、三次实系数不可约方程的"不可简化情况",以及伽罗瓦的根式可解判别定理等.

　　本书还有四个附录:附录1讨论了复数的指数形式表示与三角形式表示之间的一个联系——棣莫弗公式;附录2证明了联系两个正整数及其最大公因数的贝祖等式;附录3给出了计算三次方程的判别式D的方法与结果;附录4详细地论述了多项式方程的重根问题.

　　本书可供高中学生、理工科大学生、大中学校数学教师,以及广大的爱好研读数学的读者,在学习解多项式方程、伽罗瓦理论初步,以及近世代数基础时阅读参考.

目　录

第三部分　一些数学基础

第四部分　扩　域　理　论

第五部分　尺规作图问题

第六部分　两类重要的群与一类重要的扩域

第七部分　伽罗瓦理论

第八部分　伽罗瓦理论的应用

第一部分
解三次和四次多项式方程的故事

三次、四次方程的根式求解是代数史上的两个里程碑.在这一部分中,我们讲述解三次和四次方程的故事,并具体给出简化的三次和四次方程的求解方法.

第一章

一次和二次方程的求解

§1.1 一次方程的求解与数集的扩张

人类最早认识的数集是自然数集 $\mathbf{N} = \{0, 1, 2, \cdots\}$. 于是当人们求解未知数时,多项式方程就出现了. 根据考古资料,我们知道古巴比伦和古埃及都有解一次方程的记录. 成书于公元一世纪前后的《九章算术》就已经有了三元一次方程组的题目. 话虽这样说,但从事后的眼光来看,对于 $x + n = 0$, $n \in \mathbf{N}^* = \{1, 2, 3, \cdots\}$ 型的方程而言,它的解 $(-n)$ 就是一个负数.

于是为了使我们的解仍然属于我们的数集,就有必要把自然数集 $\mathbf{N}$ 扩张为整数集 $\mathbf{Z} = \{0, \pm 1, \pm 2, \cdots\}$.

对于一次方程

$$px + q = 0, \ p, q \in \mathbf{Z}, \ p \neq 0, \tag{1.1}$$

有解 $x = -\dfrac{q}{p}$. 同样,为了使解 $-\dfrac{q}{p}$ 也在一定的数集之中,就得进一步把数集 $\mathbf{Z}$ 扩张为有理数集 $\mathbf{Q} = \left\{ \dfrac{q}{p} \middle| q, p \in \mathbf{Z}, p \neq 0 \right\}$. 于是在 $\mathbf{Q}$ 中,任何一次方程都可解了. 这样,下一个要研究的方程便是一元二次方程了.

§1.2 二次方程的求解与根式可解

由于古巴比伦、古希腊,尤其是 7 世纪古印度数学家的努力,人们已经会解许多类型的二次方程了. 不过对一般的二次方程

$$ax^2 + bx + c = 0, \ a \neq 0 \tag{1.2}$$

解的完整叙述一直到 12 世纪才在欧洲出现,它的解是

$$x_{1,2} = \frac{-b \pm \sqrt{b^2 - 4ac}}{2a}. \tag{1.3}$$

这个公式我们太熟悉了. 不过在此还想着重说明以下各点：

(i) 这是一个公式, 它针对系数 a, b, c 为具体数字的一个方程而言, 例如 $3x^2 - 13x - 10 = 0$, 只要以 $a = 3$, $b = -13$, $c = -10$ 代入 (1.3), 便能得出 $x_1 = 5$, $x_2 = -\dfrac{2}{3}$ 这两个解.

(ii) 以方程 $x^2 - 2 = 0$ 为例, 它的根为 $x = \pm\sqrt{2}$. 由于 $\sqrt{2}$ 是无理数, 这就使我们进一步要把 $\mathbf{Q}$ 扩张为实数集 $\mathbf{R}$. 同样地, 对于 $x^2 + 1 = 0$, 它的根为 $\pm i$, 这就要求我们把 $\mathbf{R}$ 扩张到复数集 $\mathbf{C} = \{a + bi \mid a, b \in \mathbf{R}\}$. 由此, 我们看到伴随着方程的解, 数的集合在不断地扩大.

(iii) 给定了方程 (1.2), 也即给定了系数 a, b, c, 它的根 $x_{1,2}$ 显然可以由 a, b, c 通过有限次加、减、乘、除以及开方运算得到. 在此意义下, 我们说 (1.2) 是根式可解的.

于是, 下一步就是求解一般三次方程了. 它是否也是根式可解呢?

第二章

求解三次方程的故事

§2.1　波洛那的费罗

一般三次方程即

$$az^3 + bz^2 + cz + d = 0,\ a \neq 0. \tag{2.1}$$

对于其中的一些特殊方程,古巴比伦人已经会解了. 12 世纪波斯诗人欧玛尔·海亚姆(Omar Khayyam,1044—1123)又用几何方法解出了另一些三次方程. 14 世纪意大利数学家达尔迪(Maestro Dardi)为 198 种不同的三次方程给出了解答,但对解一般的三次方程仍没有突破. 意大利数学家帕乔利(Luca Pacioli,约 1445—1517)用意大利文撰写了一本有 600 多页的百科全书般的巨著《算术、几何、比及比例概要》(即《数学大全》),论述了算术、代数、几何、比例等课题. 这对那些不谙拉丁文的学者来说就容易读懂了,所以这本书对代数的传播起了积极的作用. 他在书中写道:"迄今,三次和四次方程仍无一般求解公式."于是求解一般的三次方程对许多人来说就是一次智力大挑战. 此时,意大利波洛那的费罗(Scipione del Ferro,1465—1526)登场了.

费罗的爸爸是一个纸张制造商. 费罗的青年时代以及是什么促使他研究数学都已无案可查了. 不过,他很可能在波洛那大学完成了大学学业. 这所现在还存在的大学,创立于 1088 年,而且自 15 世纪起已是欧洲最好的大学之一. 1496 年,费罗开始在该大学执教,而 1501 年帕乔利也来到波洛那大学讲课. 费罗很可能在帕乔利的激励下,开始尝试去解一般的三次方程. 约在 1515 年费罗成功地解出了 $ax^3 + bx + c = 0$ 型的三次方程. 于是解一般三次方程也就大功告成了.

因为一般三次方程(2.1)是与 $z^3 + \dfrac{b}{a}z^2 + \dfrac{c}{a}z + \dfrac{d}{a} = 0$ 同解的,于是我们只要求解

$$y^3 + ay^2 + by + c = 0 \qquad\qquad (2.2)$$

型的方程就可以了. 这种最高次项的系数为 1 的方程, 称为首 1(多项式)方程.

对(2.2)进行变量代换: $y = x - \dfrac{a}{3}$, 即得到

$$x^3 + ax + b = 0 \qquad\qquad (2.3)$$

型的方程. 这类方程的特点是比最高次项低一次的项(在这里是二次项)消失了.
这就是所谓的简化的(一般首 1 的)三次方程.

综上所述, 解(2.1)型的方程归结为解(2.2)型的方程, 而解(2.2)型的方程
又归结为解(2.3)型的方程. 因此费罗解出了 $x^3 + ax + b = 0$ 型方程, 那么解一
般三次方程(2.1)的问题也就彻底地解决了.

从 12 世纪人们完整地讨论了一般二次方程的解到 16 世纪初费罗解出了一
般三次方程, 人们大约花费了三四百年之久. 这是一个新的里程碑.

费罗并没有发表这一重大结果, 只是把他的解法告诉了他的女婿和学生纳
韦(Annibale della Nave)以及他的学生菲奥尔(Antonio Maria Fior), 而其他的
数学家仍在摸索之中.

§2.2　菲奥尔与塔尔塔利亚

16 世纪的波洛那学术气氛相当浓, 数学家及其他学者有时会举行各种公开
的辩论和对抗赛. 尽管菲奥尔才能相当平庸, 但在他的老师费罗死后, 也没有急
于发表这一成果. 他想等待时机, 充分利用这份知识财富, 一举成名, 以谋取教职
的延聘. 秘密武器当然是举足轻重的.

1535 年, 机会终于来临了. 菲奥尔听说数学家塔尔塔利亚(Niccolò
Tartaglia, 1499? —1557)已成功地解出了三次方程, 不过菲奥尔认为他是在吹
牛. 于是菲奥尔与塔尔塔利亚进行了一次公开的解题大赛.

塔尔塔利亚出生于约 1499 年, 原名丰塔纳(Niccolò Fontana). 只是因为他
在 12 岁时, 一名法国军人用马刀刺入了他的口腔, 使他患上了"口吃", 因此塔尔
塔利亚("结巴")才成了他的诨名. 塔尔塔利亚自小生活艰难, 自学成材. 1543
年, 他搬到威尼斯, 在那里做数学老师.

这场大赛是这样进行的: 双方各出 30 道题, 由对方用 40 到 50 天来解答.
1535 年 2 月 22 日对抗赛如期进行. 菲奥尔的 30 道题都属 $ax^3 + bx + c = 0$ 这一
类型, 而塔尔塔利亚却题题不同. 大赛的结果可想而知: 菲奥尔大败而归. 塔尔
塔利亚用两小时解答了所有的题目, 而菲奥尔却交了白卷.

塔尔塔利亚一炮成名,登上了解三次方程的世界冠军宝座.不过,他也没有立即公布他的方法,因为他想撰写一本论述这一问题的专著.

§2.3 卡尔达诺与费拉里

塔尔塔利亚战胜菲奥尔的消息传遍了意大利,这就引起了卡尔达诺(Girolamo Cardano,1501—1576)的注意.卡尔达诺是16世纪最杰出、最备受争议的人物之一.他既是闻名的内科医生、数学家、占星家、赌棍,又是一名哲学家.他当时正在撰写他的第二本数学专著,很想把三次方程的解法写进去.他多次想方设法"企图"得到塔尔塔利亚的解法,但"结巴"一次又一次地拒绝了.

卡尔达诺诱惑塔尔塔利亚来做客,并提议:明确宣称塔尔塔利亚是三次方程解法的发现者,把其解法作为独立的一章,写入他的新书之中,但最初仍被塔尔塔利亚拒绝了.

1539年3月25日,他俩有了一次重大的交谈.塔尔塔利亚终于同意以一首晦涩的25行诗文将他的解法泄露给卡尔达诺.不过,按塔尔塔利亚的说法是以卡尔达诺立下保守秘密的誓言为条件的,而另一种说法则称塔尔塔利亚为酬报卡尔达诺的款待而自愿的,这件公案看来也只能见仁见智了.

不管怎样,1545年卡尔达诺的名著《大术》出版了,三次方程的解法公布了.卡尔达诺这样写道:"波洛那的费罗几乎在30多年前就已经发现了这个解法,并把它传授给威尼斯的菲奥尔.是后者对布雷西亚的塔尔塔利亚的挑战,使得塔尔塔利亚有机会再次发现了这一解法.在我们的恳求下,塔尔塔利亚又把这个方法告诉我.但是他却没有给出有关的证明.有了他给我的线索,我找出了它在各种形式下的证明.这是相当困难的.关于这个方法,我阐述如下."

《大术》里也叙述了一般四次方程的解法.这是另一个奇才费拉里(Lodovico Ferrari,1522—1565)作出的.费拉里14岁来到卡尔达诺家中.卡尔达诺不久就觉察到费拉里有超常的智力,于是就肩负起对他的教育.1540年费拉里优美地解出了诸如 $x^4+6x^2-60x+36=0$ 这样的四次方程,从此师徒好运不断.约1545年,费拉里得到了一般四次方程的求根公式.

《大术》还首次表明方程的解可能是负数,是无理数,也可能是某些负数的平方根.《大术》传遍了整个欧洲数学界,而且得到了高度的赞扬.这使塔尔塔利亚感到不快.1548年8月10日,塔尔塔利亚和费拉里在米兰的一所教堂里进行了一场对抗赛.这次是各出31道题,尽管其中大部分是数学题,但其中也有涉及建筑、天文、地理等学科知识的赛题.不过,关于这场对抗赛的本身,以及最后的裁决,现在都无客观的记录可查了.

　　数学家最终征服了三次和四次方程,下一个高峰是解一般五次方程.在叙述数学家关于解五次方程的各种努力以前,我们先来看一看一般三次和四次方程是如何根式求解的.

第三章

三次方程和四次方程的根式求解

§3.1 三次方程的根式求解

我们来解简化的一般三次方程

$$x^3 + px + q = 0, \tag{3.1}$$

令 $x = u + v$, 代入原方程, 化简可得

$$(u^3 + v^3) + 3uv(u + v) + p(u + v) + q = 0. \tag{3.2}$$

x 是一个未知数, 而 u、v 是 2 个未知数, 为此我们对 u、v 再加一个约束条件 $3uv = -p$. 于是(3.2)为

$$u^3 + v^3 + q = 0. \tag{3.3}$$

将 $v = \dfrac{-p}{3u}$ 代入, 可得

$$u^6 + qu^3 - \frac{p^3}{27} = 0. \tag{3.4}$$

同理可得

$$v^6 + qv^3 - \frac{p^3}{27} = 0. \tag{3.5}$$

因此 u、v 都是同一个六次方程

$$y^6 + qy^3 - \frac{p^3}{27} = 0 \tag{3.6}$$

的根. 如果解出了一个 u, 我们就按 $v = \dfrac{-p}{3u}$ 来选定 v, 这样配成一对. 而 $x =$

$u+v$ 就是原方程(3.1)的一个解. (3.4)是不难解的,只要把它看成是 u^3 的一个二次方程,即有

$$u^3 = \frac{-q \pm \sqrt{q^2 + \dfrac{4p^3}{27}}}{2} = \frac{-q}{2} \pm \sqrt{\frac{q^2}{4} + \frac{p^3}{27}}. \tag{3.7}$$

选定(参见§7.3)

$$u = \sqrt[3]{\frac{-q}{2} + \sqrt{\frac{q^2}{4} + \frac{p^3}{27}}}, \tag{3.8}$$

则

$$v = \frac{-p}{3u} = \sqrt[3]{\frac{-q}{2} - \sqrt{\frac{q^2}{4} + \frac{p^3}{27}}}. \tag{3.9}$$

于是有简化的一般首1的三次方程的求根公式——卡尔达诺公式:

$$x = u + v = \sqrt[3]{\frac{-q}{2} + \sqrt{\frac{q^2}{4} + \frac{p^3}{27}}} + \sqrt[3]{\frac{-q}{2} - \sqrt{\frac{q^2}{4} + \frac{p^3}{27}}}. \tag{3.10}$$

例 3.1.1　解方程 $x^3 - 15x - 126 = 0$.

此时 $p = -15$, $q = -126$, 有 $u^3 = 125$. u 有 3 个解, $u_1 = 5$, $u_2 = 5(\cos 120° + i\sin 120°)$, $u_3 = 5(\cos 240° + i\sin 240°)$. 令 $\cos 120° + i\sin 120° = \omega$, 即 $\omega = -\dfrac{1}{2} + \dfrac{\sqrt{3}}{2}i$, 有 $u_2 = 5\omega$, $u_3 = 5\omega^2$. 于是从 $v = \dfrac{-p}{3u}$, 有 $v_1 = 1$, $v_2 = \omega^2$, $v_3 = \omega$. 最后有 $x_{1,2,3} = 6, 5\omega + \omega^2, 5\omega^2 + \omega$.

§3.2　许德方法的数学背景

上面我们用的是荷兰数学家许德(Johannes Hudde, 1628—1704)大约在 1650 年提出的方法. 你能不能看出其中的门道? 原来他用到了恒等式

$$(u+v)^3 = u^3 + v^3 + 3uv(u+v), \tag{3.11}$$

为了把它转变成一个三次方程,只要令 $u+v = x$, $3uv = -p$, $u^3 + v^3 = -q$, 就有

$$x^3 = -q - px, \tag{3.12}$$

这些式子在上一节中都出现过. 总结一下: 为了解(3.12),我们令 $x = u + v$,

$3uv = -p$，于是得出(3.4).把它看成是 u^3 的一个二次方程,解这个方程,得出 u^3.再进行一个开立方运算,就有 u,选定一个 u.与 $v = \dfrac{-p}{3u}$ 进行配对,则 $u+v$ 就是原方程的一个解.至此,我们该理解许德方法的用意了.

在 §5.2 和 §6.2 中,我们还将分别用范德蒙方法和拉格朗日方法去解三次方程.当然同样得到的是卡尔达诺公式,不过这将是在更深层次上去解方程.最后,我们在 §25.8 中还要用伽罗瓦理论去解三次方程.我们会看到,这将是按根式求解的本质去求解方程.人们的认识逐渐深化,最后达到事物的本质.我们一点点细说吧.

§3.3 四次方程的根式求解

对于一般首 1 的四次方程

$$y^4 + ay^3 + by^2 + cy + d = 0, \tag{3.13}$$

先进行变量代换 $y = x - \dfrac{a}{4}$,化为下列一般首 1 的简化四次方程

$$x^4 + px^2 + qx + r = 0. \tag{3.14}$$

下面我们采用法国数学家笛卡儿(R. Descartes,1596—1650)在 1637 年提出的方法.令

$$x^4 + px^2 + qx + r = (x^2 + kx + l)(x^2 + nx + m), \tag{3.15}$$

分别比较等式两边 x^3,x^2,x 各项的系数以及常数项,可得出

$$n = -k, \ l + m - k^2 = p, \ k(m-l) = q, \ lm = r. \tag{3.16}$$

如果能求出 k、l、m,则解(3.14)就归结为求解(3.15)中右边的两个因式各为零时得出的两个二次方程.

为此,我们先把(3.16)中间的两个等式联立,可得

$$2m = k^2 + p + \dfrac{q}{k}, \ 2l = k^2 + p - \dfrac{q}{k}, \tag{3.17}$$

于是代入(3.16)中最后一个等式,就有

$$k^6 + 2pk^4 + (p^2 - 4r)k^2 - q^2 = 0, \tag{3.18}$$

这是一个关于 k^2 的三次方程.因此 k 是可解的,于是从(3.17)可知 m、l 也可解

得. 最后从 $x^2 + kx + l = 0$, $x^2 - kx + m = 0$ 中, 便能得出原方程的解 x. 当然此时的求根公式是十分冗长的, 那就不必把它明晰地书写出来. 要具体去求解一个四次方程时, 按照上面的步骤一步步地去做, 反倒比直接代公式更有趣味.

例 3.3.1　解方程 $x^4 - 2x^2 + 8x - 3 = 0$.

此时有 $k^6 - 4k^4 + 16k^2 - 64 = (k^2 - 4)(k^4 + 16) = 0$, 因此 $k = \pm 2$. 而当 $k = 2$ 时, $l = -1$, $m = 3$; 当 $k = -2$ 时, $l = 3$, $m = -1$. 最后有 $x_{1,2,3,4} = -1 \pm \sqrt{2}$, $1 \pm \sqrt{2}\,\mathrm{i}$.

解三、四次方程的帷幕落下了. 数学家的下一个高峰便是五次方程, 当然还有关于方程的一般理论.

第二部分
向五次方程进军

费罗和费拉里等人成功地解出了三次和四次方程,但是他们的方法缺乏一种内在的推理,很难把它们用来解五次方程.在这一部分中,我们讲述数学家对方程理论的一些研究和求解五次方程的不懈努力.他们先从探究解二次、三次、四次方程的一些内在规律开始,逐渐开始深入到方程根式求解的本质——方程及其根的对称群中去.

第四章

有关方程的一些理论

§4.1 韦达与根和系数的关系

说起韦达(François Viète，1540—1603)就会使人想起韦达定理：若 α_1、α_2 是 $x^2 + px + q = 0$ 的两个根，则 $x^2 + px + q = (x - \alpha_1)(x - \alpha_2)$，从而有

$$\alpha_1 + \alpha_2 = -p, \ \alpha_1 \cdot \alpha_2 = q. \tag{4.1}$$

应用同样的方法，韦达对三次、四次和五次方程也推出了类似的结果，例如对三次方程 $x^3 + rx^2 + px + q = 0$，就有

$$\alpha_1 + \alpha_2 + \alpha_3 = -r, \ \alpha_1 \cdot \alpha_2 + \alpha_2 \cdot \alpha_3 + \alpha_3 \cdot \alpha_1 = p, \ \alpha_1 \cdot \alpha_2 \cdot \alpha_3 = -q. \tag{4.2}$$

韦达学的是法律，做过律师. 他还致力于数学研究，在数学的符号体系方面有重大的贡献，以致代数学有了重大的变革. 1593 年，佛兰芒数学家罗门(Adriaan van Roomen，1561—1615)出版了《理念数学》(*Ideae Mathematicae*)一书，书中有一张当时杰出数学家的名单. 荷兰大使向法国国王指出，在该名单中没有一位法国人，他又给国王看书中的一道解方程题，且表明没有一位法国数学家能解出此题. 题目中的方程是这样的：

$$x^{45} - 45x^{43} + 945x^{41} + \cdots + 95634x^5 - 3795x^3 + 45x$$
$$= \sqrt{\frac{7}{4} - \sqrt{\frac{5}{16} - \sqrt{\frac{15}{8} - \sqrt{\frac{45}{64}}}}}.$$

法国国王召见了韦达，韦达具有渊博的三角知识，这使他一眼就看出题中的左边是 $2\sin 45\alpha$，用 $x = 2\sin\alpha$ 表达的多项式. 他当即就得出了第一个解，第二天他又解出了另外 22 个正值解，而剩下的 22 个负值解，由于他认为无意义而被他舍去了.

作为韦达对根与系数关系的研究的继续，法国数学家吉拉尔(Albert

16

Girard，1595—1632)在 1629 年证明了：如果 α_1，α_2，$\cdots$，α_n 是一般首 1 的 n 次方程 $x^n + a_1 x^{n-1} + \cdots + a_n = 0$ 的 n 个根，则有

$$\sigma_1 = \alpha_1 + \alpha_2 + \cdots + \alpha_n = -a_1,$$
$$\sigma_2 = \alpha_1\alpha_2 + \alpha_1\alpha_3 + \cdots + \alpha_1\alpha_n + \alpha_2\alpha_3 + \cdots + \alpha_{n-1}\alpha_n = a_2, \qquad (4.3)$$
$$\vdots$$
$$\sigma_n = \alpha_1\alpha_2\cdots\alpha_n = (-1)^n a_n,$$

这里的 σ_k，$k=1$，2，$\cdots$，n，表示所有可能的 k 个 α_i 的乘积之和. 当然如果已知方程各个根的话，我们从(4.3)就能得到该方程的各个系数. 反过来，从系数要得出根，就得解方程了. 不过，方程的系数与方程的根之间有如此紧密的联系，(4.3)中的这些关系式对解方程肯定会有用的.

§4.2　牛顿与牛顿定理

牛顿(Isaac Newton，1643—1727)从 1673 年到 1683 年在剑桥大学讲授代数学，其间他对对称多项式的理论进行了研究并作出了极大的贡献.

对于两个变量 α_1 和 α_2 而言，表达式 $\sigma_1 = \alpha_1 + \alpha_2$，$\sigma_2 = \alpha_1 \cdot \alpha_2$ 都是对称多项式，因为它们在 α_1 变为 α_2，α_2 变为 α_1 的同时置换下都保持不变. $\alpha_1 \to \alpha_2$，$\alpha_2 \to \alpha_1$，可以形象地表示为

$$\begin{bmatrix} \alpha_1 & \alpha_2 \\ \downarrow & \downarrow \\ \alpha_2 & \alpha_1 \end{bmatrix}, \qquad (4.4)$$

或更简单地表示为

$$\begin{bmatrix} \alpha_1 & \alpha_2 \\ \alpha_2 & \alpha_1 \end{bmatrix} \text{ 或 } \begin{pmatrix} 1 & 2 \\ 2 & 1 \end{pmatrix}. \qquad (4.5)$$

当然它们在变换

$$\begin{bmatrix} \alpha_1 & \alpha_2 \\ \downarrow & \downarrow \\ \alpha_1 & \alpha_2 \end{bmatrix}, \text{ 或 } \begin{bmatrix} \alpha_1 & \alpha_2 \\ \alpha_1 & \alpha_2 \end{bmatrix}, \text{ 或 } \begin{pmatrix} 1 & 2 \\ 1 & 2 \end{pmatrix} \qquad (4.6)$$

下也不变. 容易看出 $\alpha_1^2 + \alpha_2^2$ 在

$$S_2 = \left\{ \begin{pmatrix} 1 & 2 \\ 1 & 2 \end{pmatrix}, \begin{pmatrix} 1 & 2 \\ 2 & 1 \end{pmatrix} \right\} \tag{4.7}$$

下也是不变的. 因此 $\alpha_1^2 + \alpha_2^2$ 也是对称多项式. 进而从

$$\alpha_1^2 + \alpha_2^2 = (\alpha_1 + \alpha_2)^2 - 2\alpha_1\alpha_2 = \sigma_1^2 - 2\sigma_2 \tag{4.8}$$

可知, 对称多项式 $\alpha_1^2 + \alpha_2^2$ 可以用对称多项式 σ_1 和 σ_2 的多项式来表示. 这似乎表明 σ_1 和 σ_2 更基本一些. 为此, 我们把 σ_1、σ_2 称为基本对称多项式或初等对称多项式.

对于 3 个变量 α_1、α_2、α_3 而言, 表达式 $\sigma_1 = \alpha_1 + \alpha_2 + \alpha_3$, $\sigma_2 = \alpha_1 \cdot \alpha_2 + \alpha_2 \cdot \alpha_3 + \alpha_3 \cdot \alpha_1$, $\sigma_3 = \alpha_1 \cdot \alpha_2 \cdot \alpha_3$ 就是初等对称多项式. 而在多项式 $5\alpha_1^3 + 5\alpha_2^3 + 5\alpha_3^3 - 15\alpha_1\alpha_2\alpha_3$ 中, α_1、α_2、α_3 的"地位"是完全一样的, 因此它就是 α_1、α_2、α_3 的对称多项式. 用严格的数学语言来说, 这指的是它在下面 6 个变换或置换下是不变的:

$$\begin{aligned} S_3 = &\left\{ \begin{pmatrix} 1 & 2 & 3 \\ 1 & 2 & 3 \end{pmatrix}, \begin{pmatrix} 1 & 2 & 3 \\ 1 & 3 & 2 \end{pmatrix}, \begin{pmatrix} 1 & 2 & 3 \\ 3 & 2 & 1 \end{pmatrix}, \right. \\ &\left. \begin{pmatrix} 1 & 2 & 3 \\ 2 & 1 & 3 \end{pmatrix}, \begin{pmatrix} 1 & 2 & 3 \\ 2 & 3 & 1 \end{pmatrix}, \begin{pmatrix} 1 & 2 & 3 \\ 3 & 1 & 2 \end{pmatrix} \right\} \\ = &\{g_1, g_2, g_3, g_4, g_5, g_6\} \end{aligned} \tag{4.9}$$

此外, 从

$$\begin{aligned} 5(\alpha_1^3 + \alpha_2^3 + \alpha_3^3) - 15\alpha_1\alpha_2\alpha_3 &= 5(\alpha_1 + \alpha_2 + \alpha_3)^3 \\ &\quad - 15(\alpha_1 + \alpha_2 + \alpha_3)(\alpha_1\alpha_2 + \alpha_2\alpha_3 + \alpha_3\alpha_1) \\ &= 5\sigma_1^3 - 15\sigma_1\sigma_2 \end{aligned} \tag{4.10}$$

可知, $5(\alpha_1^3 + \alpha_2^3 + \alpha_3^3) - 15\alpha_1\alpha_2\alpha_3$ 可用初等对称多项式 σ_1、σ_2 的多项式表出.

对于一般的 n, (4.3) 中定义的 σ_1, σ_2, $\cdots$, σ_n 即是 n 个初等对称多项式, 而且此时定理 4.2.1(牛顿定理)成立. (参见 §28.2)

定理 4.2.1(牛顿定理)　任何一个关于变量 α_1, α_2, $\cdots$, α_n 的对称多项式都可以表示为初等对称多项式 σ_1, σ_2, $\cdots$, σ_n 的一个多项式.

中学数学里有一类题目, 例如, 不解方程 $x^2 + bx + c = 0$, 求 $x_1^2 + x_2^2$ 的值. 现在看来整个解题过程就是在验证牛顿定理: 在这种具体情况下把对称多项式 $x_1^2 + x_2^2$ 用初等对称多项式 $\sigma_1 = x_1 + x_2 = -b$, $\sigma_2 = x_1 \cdot x_2 = c$ 表达出来而已.

§4.3 欧 拉 与 复 数

瑞士数学家欧拉(Leonhard Euler, 1707—1783)极其多产,光是发表的论文的名单就自成一卷.他猜测只要进行适当的化简运算,五次方程就可降阶为四次方程.他确实解出了 $x^5 - 5px^3 + 5p^2x - q = 0$ 等方程,但仍解不出一般的五次方程.

1777 年,欧拉用 i 表示 -1 的一个平方根,于是复数就有了熟知的代数表示式

$$z = a + bi, \text{ 其中 } a, b \in \mathbf{R} \tag{4.11}$$

和三角表示式

$$z = r(\cos\theta + i\sin\theta). \tag{4.12}$$

若引入([5] p167*, [6] p103,附录 1)

$$e^{i\theta} = \cos\theta + i\sin\theta, \tag{4.13}$$

其中 e = 2.718281828459··· 是一个无理数,称为自然对数的底数,或欧拉数.于是有复数的指数表示式

$$z = re^{i\theta}. \tag{4.14}$$

在(4.13)中,令 $\theta = \pi$,有

$$e^{i\pi} + 1 = 0, \tag{4.15}$$

这就是有名的欧拉魔幻等式,它把 0, 1, i, π, e 这 5 个数联系了起来.数 π, e 除了是无理数外,还是超越数.这一点我们将在第十五章中讨论.

利用记号 $e^{i\theta}$,我们有

$$e^{i\theta_1} \cdot e^{i\theta_2} = (\cos\theta_1 + i\sin\theta_1) \cdot (\cos\theta_2 + i\sin\theta_2) = e^{i(\theta_1 + \theta_2)}, \tag{4.16}$$

作为一个特例,有

$$(e^{i\theta})^n = e^{in\theta}. \tag{4.17}$$

§4.4 1 的 根

利用(4.17),可得到方程

---

* 这里指的是参考文献[5]的第 167 页,以下类推.

$$x^n - 1 = 0 \tag{4.18}$$

的根. 设 $x = r(\cos\theta + i\sin\theta)$, 则从 $x^n = 1$ 可推知 $r = 1$, 且 $n\theta = 2\pi k$. 因此对 $k = 0, 1, 2, \cdots, n-1$, 有(4.18)的解

$$1, \zeta = e^{\frac{2\pi}{n}i}, \zeta^2 = e^{\frac{4\pi}{n}i}, \cdots, \zeta^{n-1} = e^{\frac{2\pi(n-1)}{n}i}. \tag{4.19}$$

一般来说, 上述解是用指数式或三角式来表示的, 还不是根式解(参见 §7.2 和例25.7.2). 不过, 对于 $n = 1, 2, 3, 4$, 我们不难分别求得下列各解

$$1; \ 1, -1; \ 1, \omega, \omega^2; \ 1, i, -1, -i. \tag{4.20}$$

其中 $\omega = -\dfrac{1}{2} + \dfrac{\sqrt{3}}{2}i$, 且满足

$$1 + \omega + \omega^2 = 0, \ \omega \cdot \omega^2 = \omega^3 = 1. \tag{4.21}$$

同样, 对于 ζ 也有

$$1 + \zeta + \zeta^2 + \cdots + \zeta^{n-1} = 0, \ \zeta^i \cdot \zeta^{n-i} = 1, \ i = 1, 2, \cdots, n, \tag{4.22}$$

这是因为 $x^n - 1 = (x-1)(x^{n-1} + x^{n-2} + \cdots + x + 1)$, ζ 是 $x^{n-1} + x^{n-2} + \cdots + x + 1 = 0$ 的根, 也是 $x^n - 1 = 0$ 的根. 求得了 1 的 n 个根后, 也容易求出

$$x^n - a = 0, \ a \in \mathbf{C} \tag{4.23}$$

的根. 设复数 d 满足 $d^n = a$, 则(4.23)的根为

$$d, d\zeta, d\zeta^2, \cdots, d\zeta^{n-1}. \tag{4.24}$$

第五章

范德蒙与他的
"根的对称式表达"方法

§5.1　范德蒙与范德蒙方法

　　法国数学家范德蒙(Alexandre-Théophile Vandermonde，1735—1796)
35 岁时在法国科学院第一次宣读了他的数学论文，其后又宣读过三次. 这 4
篇论文就是他全部的数学成果. 他毕生的兴趣是音乐，因此在数学家的眼
中，他是音乐家，而在音乐家的眼中他是数学家. 他对方程解的主要洞悉在
于把方程的每一个根用方程的所有根表出，使之成为根的一个对称表达式，
然后再用 §4.2 中的牛顿定理来求得方程的解. 下面我们以解 $x^2 + bx + c = 0$ 为例，来阐明他的思想. 设此方程的根为 α_1，α_2. 由 $x^2 = 1$ 有解 ± 1，且 $(+1) + (-1) = 0$，我们有

$$\alpha_1 = \frac{1}{2}[(\alpha_1 + \alpha_2) + (\alpha_1 - \alpha_2)],$$
$$\alpha_2 = \frac{1}{2}[(\alpha_1 + \alpha_2) - (\alpha_1 - \alpha_2)], \tag{5.1}$$

其中 $\alpha_1 + \alpha_2 = \sigma_1 = -b$ 是根的初等对称多项式，而 $(\alpha_1 - \alpha_2)$ 却不是 α_1、α_2 的对称多项式. 不过注意到

$$[\pm(\alpha_1 - \alpha_2)]^2 = (\alpha_1 + \alpha_2)^2 - 4\alpha_1\alpha_2 = \sigma_1^2 - 4\sigma_2 = b^2 - 4c, \tag{5.2}$$

因此 $(b^2 - 4c)^{\frac{1}{2}} = \pm(\alpha_1 - \alpha_2)$. 如果 $b^2 - 4c \geqslant 0$，且符号 $\sqrt{b^2 - 4c}$ 表示算术根的话，则(5.1)就成为

$$\alpha_{1,2} = \frac{-b \pm \sqrt{b^2 - 4c}}{2}. \tag{5.3}$$

§5.2　用范德蒙方法解三次方程

设 $x^3 + px + q = 0$ 的根为 α_1、α_2、α_3. 注意到 $x^3 = 1$ 的 3 个根 1、ω、ω^2 满足 $1 + \omega + \omega^2 = 0$，$\omega^3 = 1$，则

$$\alpha_1 = \frac{1}{3} \big[(\alpha_1 + \alpha_2 + \alpha_3) + (\alpha_1 + \omega\alpha_2 + \omega^2\alpha_3) + (\alpha_1 + \omega^2\alpha_2 + \omega\alpha_3) \big],$$

$$\alpha_2 = \frac{1}{3} \big[(\alpha_1 + \alpha_2 + \alpha_3) + \omega^2(\alpha_1 + \omega\alpha_2 + \omega^2\alpha_3) + \omega(\alpha_1 + \omega^2\alpha_2 + \omega\alpha_3) \big],$$

$$\alpha_3 = \frac{1}{3} \big[(\alpha_1 + \alpha_2 + \alpha_3) + \omega(\alpha_1 + \omega\alpha_2 + \omega^2\alpha_3) + \omega^2(\alpha_1 + \omega^2\alpha_2 + \omega\alpha_3) \big].$$

$$(5.4)$$

注意到开立方运算的 3 值性(参见(4.24))，引入

$$U = (\alpha_1 + \omega\alpha_2 + \omega^2\alpha_3)^3, \quad V = (\alpha_1 + \omega^2\alpha_2 + \omega\alpha_3)^3, \tag{5.5}$$

可将(5.4)的 3 个根统一地写为

$$x = \frac{1}{3}(\alpha_1 + \alpha_2 + \alpha_3) + \sqrt[3]{\frac{U}{27}} + \sqrt[3]{\frac{V}{27}}. \tag{5.6}$$

就像我们在上一节中把 $(\alpha_1 - \alpha_2)$ 与 σ_1、σ_2 联系起来一样，我们下面就要想方设法把 U、V 与根 α_1、α_2、α_3 的初等对称多项式 σ_1、σ_2、σ_3 联系起来.

对 U、V 施行(4.9)所示的 S_3 中的各置换，有下列结果：

置换	作用对象	U	V
$g_1 = \begin{pmatrix} 1 & 2 & 3 \\ 1 & 2 & 3 \end{pmatrix}$	得出结果	U	V
$g_2 = \begin{pmatrix} 1 & 2 & 3 \\ 1 & 3 & 2 \end{pmatrix}$		V	U
$g_3 = \begin{pmatrix} 1 & 2 & 3 \\ 3 & 2 & 1 \end{pmatrix}$		V	U
$g_4 = \begin{pmatrix} 1 & 2 & 3 \\ 2 & 1 & 3 \end{pmatrix}$		V	U
$g_5 = \begin{pmatrix} 1 & 2 & 3 \\ 2 & 3 & 1 \end{pmatrix}$		U	V

$$g_6 = \begin{pmatrix} 1 & 2 & 3 \\ 3 & 1 & 2 \end{pmatrix} \qquad\qquad U \qquad\qquad V$$

由此可见 U 和 V 在 S_3 下都不是不变的,而 $U+V$ 和 $U \cdot V$ 却在 S_3 下是不变的,即它们是 α_1、α_2、α_3 的对称多项式,因此根据牛顿定理,可以用

$$\sigma_1 = \alpha_1 + \alpha_2 + \alpha_3 = 0, \ \sigma_2 = \alpha_1\alpha_2 + \alpha_2\alpha_3 + \alpha_3\alpha_1 = p, \ \sigma_3 = \alpha_1\alpha_2\alpha_3 = -q$$

表示. 事实上,经过一些代数运算,可以得出

$$U+V = -27q, \ U \cdot V = -27p^3. \tag{5.7}$$

因此,解

$$t^2 + 27qt - 27p^3 = 0 \tag{5.8}$$

得出 U、V,便能从(5.6)得到卡尔达诺公式:

$$x = \sqrt[3]{\frac{-q}{2} + \sqrt{\frac{q^2}{4} + \frac{p^3}{27}}} + \sqrt[3]{\frac{-q}{2} - \sqrt{\frac{q^2}{4} + \frac{p^3}{27}}}. \tag{5.9}$$

真是异曲同工! 范德蒙以同样的思路成功地解出了一般四次方程. 但是对于一般五次方程,他的方法失败了. 此外,上述找 $U+V$ 和 $U \cdot V$ 的方法并不容易,是否可以针对原方程直接去找一个与根 α_1, α_2, $\cdots$, α_n 有关的对称方程? 解了后者,再去解原方程? 这就是拉格朗日的预解式方法.

第六章

拉格朗日与他的
预解式方法

§6.1 拉格朗日与他的预解式

拉格朗日（Joseph-Louis Lagrange，1736—1813）是欧拉之后高斯（Johann Carl Friedrich Gauss，1777—1855）之前最伟大的数学家. 1771 年他出版了一本 220 多页的《关于代数方程解的思考》，在其中他提出了一个解代数方程的新方法——预解式方法. 我们还是以解

$$x^2 + px + q = 0 \tag{6.1}$$

来阐明他的思想. 设 α_1、α_2 是方程的 2 个根，此时当然有 $\sigma_1 = \alpha_1 + \alpha_2 = -p$，$\sigma_2 = \alpha_1 \cdot \alpha_2 = q$. 定义称为预解式的新变量

$$r_1 = \alpha_1 - \alpha_2, \quad r_2 = -r_1 = \alpha_2 - \alpha_1, \tag{6.2}$$

它们在 $S_2 = \left\{ \begin{pmatrix} 1 & 2 \\ 1 & 2 \end{pmatrix}, \begin{pmatrix} 1 & 2 \\ 2 & 1 \end{pmatrix} \right\}$ 作用下，有

$$\begin{pmatrix} 1 & 2 \\ 1 & 2 \end{pmatrix}: r_1 \rightarrow r_1, r_2 \rightarrow r_2; \begin{pmatrix} 1 & 2 \\ 2 & 1 \end{pmatrix}: r_1 \rightarrow r_2, r_2 \rightarrow r_1. \tag{6.3}$$

构造以 r_1、r_2 为根的辅助方程，称为预解方程：

$$\Phi(X) = (X - r_1)(X - r_2) = 0, \tag{6.4}$$

显然它在 S_2（即(6.3)）下不变，因此它的系数应是 α_1、α_2 的对称多项式，所以可以用 σ_1、σ_2 表示出来. 因此(6.4)是"已知的"方程，即由原方程的各系数给定的方程. 事实上，从 $r_2 = -r_1$，有

$$\Phi(X) = X^2 - r_1^2 = X^2 - (\alpha_1 - \alpha_2)^2 = X^2 - (p^2 - 4q) = 0, \tag{6.5}$$

先解这个方程(因此称为预解方程),有

$$r_{1,2} = \pm\sqrt{p^2-4q}.$$

不失一般性,取 $r_1 = \sqrt{p^2-4q}$,则 $r_1 = \alpha_1 - \alpha_2$, $\alpha_1 + \alpha_2 = -p$. 从而原方程(6.1)的解

$$x = \alpha_{1,2} = \frac{-p \pm \sqrt{p^2-4q}}{2}. \tag{6.6}$$

§6.2　用拉格朗日方法解三次方程

对于三次方程 $x^3 + px + q = 0$,引入预解式(参见(5.4))

$$r_1 = \alpha_1 + \omega\alpha_2 + \omega^2\alpha_3, \tag{6.7}$$

其中 α_1、α_2、α_3 是三次方程 $x^3 + px + q = 0$ 的根,用(4.9)中 S_3 中的 6 个元对 r_1 作用,经过计算,并引入适当的编号,则不难得到下面的 2 组结果:

$$\begin{cases} r_1 = \alpha_1 + \omega\alpha_2 + \omega^2\alpha_3, \\ r_2 = \omega\alpha_1 + \omega^2\alpha_2 + \alpha_3 = \omega r_1, \\ r_3 = \omega^2\alpha_1 + \alpha_2 + \omega\alpha_3 = \omega^2 r_1, \end{cases} \begin{cases} r_4 = \alpha_1 + \omega^2\alpha_2 + \omega\alpha_3, \\ r_5 = \omega\alpha_1 + \alpha_2 + \omega^2\alpha_3 = \omega r_4, \\ r_6 = \omega^2\alpha_1 + \omega\alpha_2 + \alpha_3 = \omega^2 r_4. \end{cases} \tag{6.8}$$

由此定义拉格朗日预解方程

$$\Phi(X) = (X-r_1)(X-r_2)\cdots(X-r_6) = (X^3-r_1^3)(X^3-r_4^3) = 0, \tag{6.9}$$

其中用到了(4.21),这是一个六次方程. 由(5.5)可知 $r_1^3 = U$, $r_4^3 = V$. 再令 $X^3 = t$,(6.9)就变为二次方程(5.8)了. 这当然是一个已知的方程. 于是同样能得到卡尔达诺公式,又殊途同归了.

§6.3　用拉格朗日方法解四次方程

此时考虑 $n = 4$,整个求解过程是清楚的,我们就粗略地说明一下. 先是用 $x^4 - 1 = 0$ 的根 1, i, -1, $-$i,定义预解式

$$r_1 = \alpha_1 + \mathrm{i}\alpha_2 - \alpha_3 - \mathrm{i}\alpha_4, \tag{6.10}$$

然后构建 1, 2, 3, 4 的全排列,给出 4! = 24 个元素的置换全体

$$S_4 = \left\{ \begin{pmatrix} 1 & 2 & 3 & 4 \\ 1 & 2 & 3 & 4 \end{pmatrix}, \begin{pmatrix} 1 & 2 & 3 & 4 \\ 2 & 1 & 3 & 4 \end{pmatrix}, \cdots \right\},$$

对 r_1 施以这些置换,从而得出 r_1, r_2, $\cdots$, r_{24}. 于是定义预解方程

$$\Phi(X) = (X - r_1)(X - r_2)\cdots(X - r_{24}), \tag{6.11}$$

它显然在 S_4 下不变,因此从牛顿定理可知,它所有的系数都是已知的量,也即 (6.11) 是已知的方程. 拉格朗日证明了(参见 §6.4 的分析)这个 24 次的方程可以降阶成我们会求解的一些二次和三次方程. 解这些方程,得出 r_1, r_2, $\cdots$, r_{24}. 然后用它们来"装配"出原方程的解 α_1, α_2, α_3, α_4. 例如对 α_1 有

$$\begin{aligned} \alpha_1 = \frac{1}{4}\{ &(\alpha_1 + \alpha_2 + \alpha_3 + \alpha_4) + (\alpha_1 + i\alpha_2 - \alpha_3 - i\alpha_4) \\ &+ (\alpha_1 - \alpha_2 - i\alpha_3 + i\alpha_4) + (\alpha_1 - i\alpha_2 + i\alpha_3 - \alpha_4)\}, \end{aligned} \tag{6.12}$$

其中 $\alpha_1 + \alpha_2 + \alpha_3 + \alpha_4 = 0$, 而

$$\alpha_1 + i\alpha_2 - \alpha_3 - i\alpha_4 = r_1,$$

$$\alpha_1 - \alpha_2 - i\alpha_3 + i\alpha_4 = \begin{pmatrix} 1 & 2 & 3 & 4 \\ 1 & 4 & 2 & 3 \end{pmatrix} r_1,$$

$$\alpha_1 - i\alpha_2 + i\alpha_3 - \alpha_4 = \begin{pmatrix} 1 & 2 & 3 & 4 \\ 1 & 3 & 4 & 2 \end{pmatrix} r_1$$

都属于 $\{r_1, r_2, \cdots, r_{24}\}$,它们都已以根式求得. 因此 α_1 也就能根式求解了.

拉格朗日用他创立的、统一的方法成功地求解了二次、三次和四次方程,那么五次方程呢?

§6.4　$n=5$ 时的情况

随着 n 的增大,预解方程的次数增加得极快,从 $n = 2, 3, 4$,它的次数分别从 $2! = 2$ 次, $3! = 6$ 次,增加到 $4! = 24$ 次. 当 $n = 5$ 时,设 α_1, α_2, α_3, α_4, α_5 是所讨论的五次方程 $x^5 + px^3 + qx^2 + rx + s = 0$ 的 5 个根,那么此时预解式

$$r_1 = \alpha_1 + \zeta\alpha_2 + \zeta^2\alpha_3 + \zeta^3\alpha_4 + \zeta^4\alpha_5, \tag{6.13}$$

其中 $\xi = e^{\frac{2\pi}{5}i}$ (参见(4.19)). 由于 α_1, α_2, α_3, α_4, α_5 的全排列共有 $5! = 120$ 个,因此,用 $S_5 = \left\{ \begin{pmatrix} 1 & 2 & 3 & 4 & 5 \\ 1 & 2 & 3 & 4 & 5 \end{pmatrix}, \cdots \right\}$ 对 r_1 作用,可以得出 r_1, r_2, $\cdots$, r_{120},共

计 120 个预解式,而预解方程

$$\Phi(X) = (X - r_1)(X - r_2)\cdots(X - r_{120}) \qquad (6.14)$$

尽管是"已知的",却是一个 120 次的方程.能把它归结成一系列我们已经会解的二次、三次、四次方程吗? 这是拉格朗日方法的成败关键所在.

确实,对 $\Phi(X)$ 是可以进行分解的.例如,对于 $\zeta r_1 = \alpha_5 + \zeta\alpha_1 + \zeta^2\alpha_2 + \zeta^3\alpha_3 + \zeta^4\alpha_4$,就能找到 $h_1 = \begin{pmatrix} 1 & 2 & 3 & 4 & 5 \\ 5 & 1 & 2 & 3 & 4 \end{pmatrix} \in S_5$,把它作用于 r_1 上就能得出 $h_1 r_1 = \zeta r_1$.由此在 (6.14) 的 120 个因子中就有 $(X - \zeta r_1)$.类似地,对于 $h_2 = \begin{pmatrix} 1 & 2 & 3 & 4 & 5 \\ 4 & 5 & 1 & 2 & 3 \end{pmatrix}$,$h_3 = \begin{pmatrix} 1 & 2 & 3 & 4 & 5 \\ 3 & 4 & 5 & 1 & 2 \end{pmatrix}$,$h_4 = \begin{pmatrix} 1 & 2 & 3 & 4 & 5 \\ 2 & 3 & 4 & 5 & 1 \end{pmatrix} \in S_5$,有 $h_i r_1 = \zeta^i r_1$,$i = 2, 3, 4$.于是 $\Phi(X)$ 中含有因子

$$(X - r_1)(X - \zeta r_1)\cdots(X - \zeta^4 r_1). \qquad (6.15)$$

又因为 1,ζ,$\cdots$,ζ^4 是 $x^5 - 1 = 0$ 的根,r_1 满足 $x^5 - r_1^5 = 0$,所以 r_1,ζr_1,$\cdots$,$\zeta^4 r_1$ 应是 $x^5 - r_1^5 = 0$ 的根(参见(4.24)).因此就有

$$(X - r_1)(X - \zeta r_1)\cdots(X - \zeta^4 r_1) = X^5 - r_1^5. \qquad (6.16)$$

类似地,可以得出 $\Phi(X)$ 中还有另外 23 个这样的因子,即类似于(6.8),此时共有 24 组(参见例 10.4.1),所以采用适当的编号以后,有

$$\Phi(X) = (X^5 - r_1^5)(X^5 - r_2^5)\cdots(X^5 - r_{24}^5) = 0. \qquad (6.17)$$

令 $X^5 = t$,则它是关于 t 的一个 24 次方程.尽管这也是一个已知的方程,但它却把拉格朗日给卡住了.拉格朗日的预解方程方法在 $n = 5$ 时失效了.他在书中写道:"我们希望在今后再回到这一问题上来."然而,他从此就再也没有回来过.

尽管范德蒙和拉格朗日在求解一般五次方程时都失败了,但是他们首先强调了方程的解与方程根的置换之间的关系.这就为方程理论的进一步发展奠定了基础.

我们一直在解方程,这都是以根的存在为前提的.而且随着方程越来越复杂,我们也不得不不断地扩张数的集合.那么 n 次方程是否有 n 个根? 除了复数根外,还有没有其他的根? 要讲清楚这些问题,就得讲到数学王子高斯了.

第七章

高斯与代数基本定理

§7.1 高斯与代数基本定理

据说德国数学家高斯在 3 岁多就已经能心算复杂的计算了. 1787 年, 10 岁的小高斯立即解答了老师的难题 $1+2+3+\cdots+99+100=5050$. 18 岁的高斯证明了正 17 边形可以用尺规作图(参见§27.4), 以后又得出了正 n 边形尺规作图的充要条件(参见§19.4, §27.3). 这使得令古希腊人头痛不已的问题有了彻底完美的解答. 1799 年, 高斯在他的博士论文中得出了如下定理([6] p27).

定理 7.1.1(代数基本定理) $n(>0)$ 次多项式方程 $x^n+a_1x^{n-1}+\cdots+a_{n-1}x+a_n=0$, $a_i\in\mathbf{C}$, $i=1$, 2, $\cdots$, n 有 n 个复数根.

如果我们一开始就在复数集合中求解方程, 由于复系数方程的根仍还是复数, 我们就不必再把复数集合扩张了. 为此, 我们把 $\mathbf{C}$ 称为代数闭域.

§7.2 分圆方程与它的根式求解

在§4.4 中, 我们求解过 $x^n-1=0$. 在复平面中, 这 n 个根 1, ζ, $\cdots$, ζ^{n-1} 均匀地分布在圆心在原点 O, 半径为 1 的一个圆上, 所以我们也把 $x^n-1=0$ 称为 n 次分圆方程. 它必定与正 n 边形是否能尺规作图有关(参见§19.1). 在这里, 我们举几个实例来说明一下, 在这些情况中分圆方程是可以根式求解的. 也就是其解(特别地, $\zeta=\mathrm{e}^{\frac{2\pi}{n}\mathrm{i}}$) 是可以用有限步加、减、乘、除和开方运算来表示的. 首先, 由于 $\mathrm{i}=\sqrt{-1}$, 则(4.20)表明在 $n=1$, 2, 3, 4 时, $x^n-1=0$ 是可根式求解的. 其次, 对于 n 是合数, 例如 $n=6$, 由于 $x^6=1$ 等价于解 $y=x^2$, $y^3=1$, 所以我们只要研究 n 是素数, 即 $n=5$, 7, 11, $\cdots$ 时, $x^n-1=0$ 的解即可. 再者, $x=1$ 总是 $x^n-1=0$ 的根, 因此只需要求解

$$\frac{x^n - 1}{x - 1} = x^{n-1} + x^{n-2} + \cdots + x + 1 \tag{7.1}$$

即可. 由于 $x \neq 0$, 引入

$$t = x + x^{-1}, \ t^2 = x^2 + x^{-2} + 2, \ t^3 = x^3 + x^{-3} + 3t, \ \cdots\cdots \tag{7.2}$$

于是对于 $n = 5, 7, 11$ 分别有

$$x^4 + x^3 + x^2 + x + 1 = 0, \ t^2 + t - 1 = 0; \tag{7.3}$$

$$x^6 + x^5 + \cdots + x + 1 = 0, \ t^3 - 2t - 1 = 0; \tag{7.4}$$

$$x^{10} + x^9 + \cdots + x + 1 = 0, \ t^5 + t^4 - 4t^3 - 3t^2 + 3t + 1 = 0. \tag{7.5}$$

对于 (7.3), 先解 $t^2 + t - 1 = 0$, 再解 $x + x^{-1} = t$, 不难得出

$$x_{1,2,3,4} = \frac{\sqrt{5} - 1 \pm \sqrt{-2\sqrt{5} - 10}}{4}, \ \frac{-\sqrt{5} - 1 \pm \sqrt{2\sqrt{5} - 10}}{4}. \tag{7.6}$$

因此 $x^5 - 1 = 0$ 是可根式求解的. 对于 (7.4), 先用卡尔达诺公式解得 t, 再按 (7.2) 解得 x, 不难看出 $x^7 - 1 = 0$ 也是可根式求解的. 至于 (7.5), 范德蒙在 1771 年用根式解出了其中的五次方程, 于是 $x^{11} - 1 = 0$ 也根式可解了. 当 $n = 17$ 时, 这与正 17 边形尺规作图有关. 这将在 §27.4 和 §27.5 中阐明. 高斯在他的巨著《算术研究》中表明了分圆方程 $x^n - 1 = 0$ 是可根式求解的, 不过他的方法有漏洞([22] p27, p79). 我们将在例 25.3.1 和例 25.7.2 中用伽罗瓦理论来阐明他的结论.

§7.3　开方运算的多值性与卡尔达诺公式

我们有时会把满足方程 $x^n - a = 0, \ a \in \mathbf{C}$ 的一个解 d, 记为 $d = \sqrt[n]{a}$, 或 $a^{\frac{1}{n}}$. 但是我们现在知道这个方程有 n 个解, 因此 a 与 n 并不能唯一地确定一个解. 这样就会产生混淆了, 除非另有说明, 例如把 $\sqrt[3]{2}$ 指定为满足方程 $x^3 - 2 = 0$ 的那个实根. 明确了这一点, 我们回过来再看卡尔达诺公式 (3.10):

$$x = u + v = \sqrt[3]{\frac{-q}{2} + \sqrt{\frac{q^2}{4} + \frac{p^3}{27}}} + \sqrt[3]{\frac{-q}{2} - \sqrt{\frac{q^2}{4} + \frac{p^3}{27}}}. \tag{7.7}$$

其中用到 2 个开立方, 而每一个都有 3 个值. 因此 u 应是满足

$$u^3 = \frac{-q}{2} + \sqrt{\frac{q^2}{4} + \frac{p^3}{27}} \qquad (7.8)$$

中的 1 个,另 2 个则是 $u\omega$ 与 $u\omega^2$. 我们指定了一个 u,然后按 $v = \dfrac{-p}{3u}$ 确定 (7.7)中的 v. 从而得出原方程的 1 个解(7.7). 那么原方程的另外 2 个解呢? 不难看出它们应是 $\omega u + \omega^2 v$ 与 $\omega^2 u + \omega v$. 于是卡尔达诺公式可表达为

$$x_{1,2,3} = \varepsilon \sqrt[3]{\frac{-q}{2} + \sqrt{\frac{q^2}{4} + \frac{p^3}{27}}} + \varepsilon^2 \sqrt[3]{\frac{-q}{2} - \sqrt{\frac{q^2}{4} + \frac{p^3}{27}}}, \qquad (7.9)$$

其中 $\varepsilon = 1, \omega, \omega^2$.

代数基本定理毫不含糊地表明,一般五次方程一定有 5 个根的,但是这个定理只是一个"存在性"的定理,它并没有表明如何去求这些根,更不要说如何用根式去求解出这些根了. 事实上,高斯在他的 1801 年的《算术研究》中写道:"经过这么多几何学家的不懈努力,一般方程的代数求解几乎是没有希望的. 这种解看起来越来越像是不可能的,且会是矛盾百出的."高斯这里提到的"几何学家"和"代数求解",用现在的用语来说分别就是"代数学家"和"根式求解".

高斯又很有迷惑力地补充了一句,"严密地证明出一般五次方程不可求解,也许并不那么困难."对于这一课题高斯以后并没有发表过些什么. 不过,确实有人沿着这一思路在探索着.

第八章

鲁菲尼、阿贝尔与伽罗瓦

§8.1 被人遗忘的鲁菲尼

意大利数学家鲁菲尼(Paolo Ruffini，1765—1822)年少时学习数学、医学、文学和哲学，相当多才多艺．1788 年他开始行医又教数学．随着法国大革命以及拿破仑入侵意大利，社会大动乱，而就在这段期间他声称他证明了一般五次方程是不能根式求解的．这离费罗、塔尔塔利亚和费拉里破解三次和四次方程已经有250 多年了．1799 年，他出版了专著《方程式的一般理论》．但是由于他的证明过于复杂难懂，推理过于迂回曲折，人们难以读完这有 516 页的两卷本．他前后三次将书送呈拉格朗日，都没有得到回音．

他的著作受到了冷遇，这使他多次尝试给出更严格、更易懂的证明．1813 年他发表了《关于一般代数方程的思考》，但仍未被数学界认同．倒是在他死前的六个月时，收到了法国数学家柯西(Augustin-Louis Cauchy，1789—1857)的信，这位一般并不赞美别人的数学家却肯定了他的工作．

鲁菲尼的证明是有漏洞的，但他的研究极具开创性．从寻求方程的求解公式到证明方程不存在求解公式，这是一场革命．虽然他的工作不久就被遗忘了，但是还是后继有人．科学史上最令人心碎的两人登场了．

§8.2 死于贫穷的阿贝尔

挪威数学家阿贝尔(Niels Henrik Abel，1802—1829)在短短的一生之中对方程论和椭圆函数论等领域都作出了划时代的贡献．他一家九口，父母都酗酒，一生都处于贫困之中．在中学阶段，他就开始阅读欧拉、牛顿、高斯以及拉格朗日等人的著作，并开始研究五次方程的解法．在 21 岁时，他用反证法证明了"一般五次方程是不可根式求解的"．他自筹资金印刷他的论文，但为了节省印刷成本，他把论文压缩成六页．这就使得表述过于简略，很难看得懂了．他给高斯寄去了一份，但高斯却厌恶地把它丢在一旁，根本没有过目．不过，1826 年他的论文终于发表在《纯数学和应用数学杂志》的第一卷上,而且逐渐为人们认可.一个近300年的难题终于画上了句号.

还是在1826年,他撰写了一篇关于超越函数的论文,送呈法国科学院参加大奖赛.柯西与勒让德(Adrien-Marie Legendre,1752—1833)被指定为评审员.勒让德当时已74岁了,他缺乏耐心去读阿贝尔的长篇手稿,只是说"很难辨认,字迹很淡……"柯西则是自私自负,忙于自己研究,把阿贝尔的论文丢在脑后了.

1829年4月6日,年仅26岁的阿贝尔离开了人间.数天后传来了柏林大学聘用他的消息.1830年6月28日,法国科学院宣布那年的数学大奖赛由阿贝尔和德国数学家雅各比(Carl Gustav Jacob Jacobi,1804—1851)分享.在雅各比与挪威驻巴黎的领事馆的努力之下,柯西在1830年找到了阿贝尔1826年的那份手稿,并在11年后付梓.不料,在印刷过程中手稿又丢失了.直到1952年才在佛罗伦萨浮出水面,真是多灾多难.

一般的五次方程是不能根式求解的.不过,我们看到有些特殊的五次方程还是可以根式求解的.那么,什么是五次方程根式可解的判断依据呢?这个问题又摆在数学家的面前了.解决这个问题的是伽罗瓦.

§8.3　死于愚蠢的伽罗瓦

法国数学家伽罗瓦生于1811年10月25日.母亲肩负起他的早期教育.1823年,他12岁时才进学校学习.几何课用的是勒让德的《几何学原理》.这是一本供两年学习的课本,但据说伽罗瓦仅花了两天的时间就学完了.1827年秋,由于他对数学的酷爱,而对其他任何科目都不感兴趣,他开始研读研究性的论文,其中有拉格朗日的《关于代数方程解的思考》等.当时他并不知道鲁菲尼和阿贝尔的工作,花了两个月的时间去解五次方程.最初他以为他求得了求解公式,后来才失望地发现他的解案中有错误.1829年,17岁的伽罗瓦发表了第一篇论文,这是关于连分数的,是他数学研究的初次尝试,从此新的数学思想就不断迸发了.

为了解答方程的可解性问题,只考虑根的置换实嫌过窄.由此他不仅引入了群这一开创性的概念,而且还创立了现在称之为伽罗瓦理论的一个崭新的代数分支.1829年5月25日和6月1日,还不足18周岁的伽罗瓦把他的研究成果写成两篇论文送呈法国科学院,由柯西和傅里叶(Jean Baptiste Joseph Fourier,1768—1830)等人负责审稿.原定于1830年1月18日举行一次会议应由柯西给出审定意见,不过柯西却没有出席.第二次会议如期在1月25日举行,柯西只介绍了自己的工作,而对伽罗瓦的研究只字不提.伽罗瓦的论文从此石沉大海了.

　　1829 年 6 月，法国科学院宣布设立一个数学大奖赛. 伽罗瓦当时已经知道阿贝尔的工作. 于是他决定修改原来的论文，参加这次大奖赛. 论文手稿是在 1830 年 2 月提交的，傅里叶把它带回家中，不料他竟在 5 月 16 日去世了. 这篇后来被认定为是数学史上最能启发灵感的瑰宝之一的论文也遭到了厄运. 1831 年初，伽罗瓦又给科学院送呈了一篇名为"关于方程根式可解的条件"的论文. 这次由泊松（Siméon-Denis Poisson，1781—1840）和拉克鲁瓦（Sylvestre François Lacroix，1765—1843）负责评审. 两个多月过去了，没有音讯. 去信追问，也无回音. 一直到 1831 年 7 月 4 日，他们有了审稿意见：他们尽了最大努力，但无法弄清伽罗瓦的证明……伽罗瓦的新概念、新思想，确实大大地超越了时空.

　　伽罗瓦怀才不遇，两次投考综合工科学校都名落孙山. 在他短短的一生之中两次入狱，撰写的论文又屡遭不测，一生坎坷，最后又在一次愚蠢的决斗中死去.

　　1843 年，法国数学家刘维尔（Joseph Liouville，1809—1882）在法国科学院作报告，他是这样开始的："我希望我这一宣布能使在座的各位院士们深感兴趣. 在伽罗瓦的论文中我发现了，他——有多精确就有多深刻精辟——证明了下述优美定理：对给定的一个素数次不可约方程能判断出它是否能根式求解."

　　三年后，刘维尔出版了伽罗瓦的全部专题论文. 1856 年起，德国和法国的高等学府中开始开设伽罗瓦理论的高级课程.

第三部分
一些数学基础

为了使我们能研读和分享优美的伽罗瓦理论,我们先在这一部分中作些数学上的准备,阐明集合、群论、数系与代数系、向量空间,以及域上的多项式等理论.这样就能以近代的观点去论述伽罗瓦理论及其许多应用.

第九章

集 合 与 映 射

§9.1 集合论中的一些基本概念

我们把若干个(有限或无限)固定事物的全体称为一个集合.把其中的各个事物称为该集合的元素或元.如果 a 是集合 A 的元,则记为 $a \in A$;若 a 不属于 A,则记为 $a \notin A$.不含任何元的集合称为空集,记作 $\varnothing$.

若集合 A 与 B 中的元完全一致,则称 A 等于 B,记作 $A = B$;若集合 A 与 B 的元不完全一致,则称 A 不等于 B,记作 $A \neq B$;若 A 的元一定是 B 的元,则称 A 是 B 的子集,记作 $A \subseteq B$;若 $A \subseteq B$,且 B 中至少有一个元 $b \notin A$,则称 A 是 B 的一个真子集,记作 $A \subset B$.我们把 $\varnothing$ 看成是任意集合 A 的子集.

在集合论中,还常应用下列几种逻辑记号:$A \& B$ 表示 A 及 B;A or B 表示 A 或 B;$A \Rightarrow B$ 表示有 A 就有 B;$A \Leftrightarrow B$ 表示当且仅当 B 时就有 A,或 A 等价于 B;$(\exists x)P$ 表示存在具有性质 P 的 x;$(\forall x)P$ 表示对所有具有性质 P 的 x;$\&$ 表示"及";or 表示"或".这些记号用用就熟悉了.

对于集合 A 与 B,我们把它们的并集,记为 $C = A \bigcup B$,即 $x \in C \Leftrightarrow x \in A$ or $x \in B$;它们的交集,记为 $C = A \bigcap B$,即 $x \in C \Leftrightarrow x \in A \& x \in B$;它们的差集,记为 $C = A - B$,即 $x \in C \Leftrightarrow x \in A \& x \notin B$;它们的直积,记为 $C = A \times B = \{(a, b) \mid a \in A \& b \in B\}$.

利用这些概念和记号,不难得出 $\mathbf{N}^* = \mathbf{N} - \{0\} = \{1, 2, \cdots\}$,以及如果 $\mathbf{R}$ 是实数,则 $\mathbf{R} \times \mathbf{R}$ 表示坐标平面上的点.

§9.2 集合间的映射

为了比较 A 与 B 这两个集合,我们引入映射这一重要概念.

定义 9.2.1 如果存在一个对应法则 f,使得对于 A 中的每一个元 a,都有 B 中的唯一的一个元 $b = f(a)$ 与之对应,则称 f 给出了从 A 到 B 中的一个映射,记作：$f: A \to B$. A 称为 f 的定义域，而 $f(A) = \{f(a) \mid a \in A\}$ 称为 f 的值域. 同时，把 b 称为 a 的像，而 a 是 b 的一个原像.

按照所讨论的映射 $f: A \to B$ 的各种不同情况，可以区分出：

(i) 若 $A \subset B$，而 f 满足 $f(a) = a$，$\forall a \in A$，则称 f 为包含映射，记为 i；若此时 $B = A$，此时的 i 称为 A 的恒等映射，记为 1_A.

(ii) 若 $f(A) = B$，则称 f 为 A 到 B 上的映射，或满射.

(iii) 若 $f(a) = f(a') \Rightarrow a = a'$，$a$，$a' \in A$ 则称 f 为单射.

(iv) 若 f 既是满射又是单射，则称 f 为双射. 此时从 $f(a) = b$，可记 $a = f^{-1}(b)$，从而确定了映射 $f^{-1}: B \to A$，称为 f 的逆映射.

(v) 若 $C \subset A$，则由于 $f(c) \in B$ 对应于 $c \in C$，可定义 $f_c: C \to B$，即把 f 的定义域 A 缩小到 C 上，则称 f_c 为 f 到 C 的限制.

定义 9.2.2 如果 $f: A \to B$，且 $g: B \to C$，此时把 $a \in A$ 映为 $h(a) = g(f(a)) \in C$ 来定义映射 $h: A \to C$，则称 h 为 f 和 g 的结合，记作 $h = g \circ f$.

很明显，映射是函数的推广，而这里映射的结合则是复合函数的推广.

例 9.2.1 若 $f: A \to B$ 是双射，不难看出 $f^{-1}: B \to A$ 也是双射，且 $f^{-1} \circ f = 1_A$，而 $f \circ f^{-1} = 1_B$. 不难证明：

定理 9.2.1 对于 $f: A \to B$，$g: B \to C$，$h: C \to D$，有 $h \circ (g \circ f) = (h \circ g) \circ f$，即映射的结合运算满足结合律.

因此，记号 $h \circ g \circ f$ 就有意义了，它是 $h \circ (g \circ f)$，也是 $(h \circ g) \circ f$.

§9.3　集合 A 中的变换

考虑 $f: A \to B$，而 $B = A$，即 f 是 A 到 A 自身的映射，这是一个重要的情况. 此时，我们把映射 f 称为 A 的一个变换，即 f 将 $a \in A$ 变为 $f(a) \in A$. A 的所有变换，构成集合 T，称为 A 的变换全集；A 的所有双射构成 T 的一个重要子集，记作 G，称为 A 的变换群（参见 §10.1）. 不难证明集合 G 具有下列性质：

(i) $1_A \in G$，即 G 中含有恒等变换.

(ii) 由例 9.2.1 可知，$f \in G \Leftrightarrow f^{-1} \in G$.

(iii) $f \in G$，$g \in G \Rightarrow g \circ f \in G$. 因此 G 的元素对结合运算而言是封闭的.

(iv) 对于 f，g，$h \in G$，由定理 9.2.1 可知 $(h \circ g) \circ f = h \circ (g \circ f)$，即 G 的元素对 $\circ$ 满足结合律.

我们今后将多次用到集合 A 的变换群 G 这一概念.

如果把映射看成是一个集合与另一个集合的外部联系的话，则下面要讨论的"关系",则给出了集合内元素的内部联系.

§9.4　关系、等价关系与分类

定义 9.4.1　集合 A 上的一个关系 $\sim$,指的是一种法则,由它可以判断任意 $a,b \in A$ 所构成的有序偶 (a,b) 是满足某种条件(此时称 a,b 有关系,记作 $a \sim b$),还是不满足这一条件(此时称 a,b 无关系,记作 $a \nsim b$).

例如大于($>$)就给出了整数集合 $\mathbf{Z}$ 的一个关系. 对于三角形的集合,三角形的全等和相似分别给出了这个集合的一个关系. 后面的两个关系还满足一些附加的性质,也即它们还给等价关系提供了原型.

定义 9.4.2　集合 A 上定义的关系 $\sim$,若满足:(i)自反律:对 $\forall a \in A \Rightarrow$ $a \sim a$;(ii)对称律:对 $a \sim b \Rightarrow b \sim a$;(iii)传递律:对 $a \sim b, b \sim c \Rightarrow a \sim c$,则称 $\sim$ 是一个等价关系.

例如在复数集合 $\mathbf{C}$ 上,两个复数具有相等的模的这一关系便是一个等价关系. 我们在后面还会遇到许多等价关系. 与等价关系相关的是集合的分类概念.

定义 9.4.3　集合 A 的一个分类,指的是把 A 分成许多称为类的非空子集合 $A_a, A_b, \cdots$,而其中每两个不同类的交集为空集,它们全体的并集是 A.

例 9.4.1　全体奇数和全体偶数这两个集合构成了整数集合 $\mathbf{Z}$ 的一个分类.

设 $\sim$ 是集合 A 的一个等价关系. 对于 $a \in A$,我们把 A 中所有与 a 等价的元都汇集在一起,而构造出 A 的子集合 A_a,如果此时存在 $b \in A$,且 $b \notin A_a$,则同样构造 $A_b, \cdots$. 显然这些 $A_a, A_b, \cdots$ 给出 A 的一个分类. 反过来,如果给定了 A 的一个分类,那么我们就可如下地定义 A 的一个关系 $\sim$:$a \sim b$,当且仅当 a, b 属于同一类;$a \nsim b$,当且仅当 a, b 不属于同一类. 容易证明这个 $\sim$ 是一个等价关系. 于是有

定理 9.4.1　集合 A 的一个分类可以确定它的一个等价关系. 反之,集合 A 的一个等价关系可以确定它的一个分类.

因此,类也称为等价类,而 A_a 称为由 a 确定的等价类,a 是 A_a 的一个代表. 当然,若有 $a \sim b$,则 $A_a = A_b$,即一个等价类可以由其中的任一元做代表. 因为有这种任意性,所以任何关于等价类的命题首先必须应与代表元(的选取)无关.

由 A 的等价关系 $\sim$,确定了 A 的各个类 $A_a, A_b, \cdots$. 以这些类作元素而得到的集合,称为由 A 按 $\sim$ 而确定的商集合,记为

$$A/\sim \,= \{A_a, A_b, \cdots\}. \tag{9.1}$$

此时,很自然地由 a 对应 A_a,可定义 $f: A \to A/\sim$. 容易验证这是一个满射,称为 A 到商集合 $A/\sim$ 上的自然映射.

§9.5　整数集合 Z 与同余关系

我们把上面的理论应用在整数集合 Z 上. 取定 $n \in \mathbf{N}^*$,定义关系 $\sim$: $a \sim b$,当且仅当 $a-b$ 能被 n 整除(记作 $n \mid (a-b)$),则称 a, b 对于模 n 同余. 记为 $a \equiv b \bmod(n)$. 不难验证这是一个等价关系. 这时的等价类称为模 n 的同余类,通常把以 a 为代表的同余类记为 $[a]_n$ 或简记为 $[a]$ 或 $\bar{a}$;而把此时的商集合记为 $\mathbf{Z}_n$,称为模 n 同余类集合. 于是

$$\bar{a} = \{a + kn \mid k \in \mathbf{Z}\}, \tag{9.2}$$

$$\mathbf{Z}_n = \{\bar{1}, \bar{2}, \cdots, \bar{n}\}. \tag{9.3}$$

例如,当 $n = 2$ 时,$\mathbf{Z}_2 = \{\bar{1}, \bar{2}\}$,其中 $\bar{1}$ 为全体奇数,而 $\bar{2}$ 为全体偶数;当 $n = 6$ 时,$\mathbf{Z}_6 = \{\bar{1}, \bar{2}, \bar{3}, \bar{4}, \bar{5}, \bar{6}\}$. 同样,对一年中的 365 天,按 $n = 7$ 能得出 7 个同余类. 它们通常分别是以周一、周二、$\cdots$、周日来标记的. 在年份中,按 $n = 12$ 则可得出以鼠、牛、$\cdots$、猪等生肖为代表的 12 个同余类.

为了以后的应用,我们在 $\mathbf{Z}_n$ 中再划出一个重要的子集 $\mathbf{Z}'_n$ 来. 为此,对于 l, $m \in \mathbf{N}^*$,我们以 (l, m) 表示 l, m 的最大公因数. l, m 与 (l, m) 之间有重要的贝祖等式,请参见附录 2 的叙述. 如果 l, m 互素时,则 $(l, m) = 1$. 定义

$$\mathbf{Z}'_n = \{\bar{k} \in \mathbf{Z}_n \mid 1 \leqslant k \leqslant n, (k, n) = 1\}, \tag{9.4}$$

称为模 n 同余类乘群(例 10.1.3),例如,当 $n = 6$ 时,$\mathbf{Z}'_6 = \{\bar{1}, \bar{5}\}$. 当 p 是素数,有 $\mathbf{Z}_p = \{\bar{1}, \bar{2}, \cdots, \overline{p-1}, \bar{p}\}$,$\mathbf{Z}'_p = \{\bar{1}, \bar{2}, \cdots, \overline{p-1}\}$.

例 9.5.1　当 $n = 17$ 时,$\mathbf{Z}'_{17} = \{\bar{1}, \bar{2}, \cdots, \overline{16}\}$,而数 3^m,对 $m = 0$, 1, 2, $\cdots$, 15 所属的同余类分别为 $\bar{1}$, $\bar{3}$, $\bar{9}$, $\overline{10}$, $\overline{13}$, $\bar{5}$, $\overline{15}$, $\overline{11}$, $\overline{16}$, $\overline{14}$, $\bar{8}$, $\bar{7}$, $\bar{4}$, $\overline{12}$, $\bar{2}$, $\bar{6}$,它们是 $\bar{1}$, $\bar{2}$, $\cdots$, $\overline{16}$ 的另一种排列(参见 §27.4, §27.5).

§9.6　算术基本定理与欧拉函数 $\varphi(n)$

欧拉函数 $\varphi(n)$ 定义为 $\mathbf{Z}'_n$ 中元素的个数,即 $\varphi(n)$ 等于满足 $1 \leqslant k \leqslant n$,及 $(k, n) = 1$ 的正整数 k 的个数. 显然 $\varphi(1) = \varphi(2) = 1$,$\varphi(3) = \varphi(4) = \varphi(6) =$

2, $\varphi(5) = 4$, $\cdots$. 为了推导出 $\varphi(n)$ 的计算公式,我们先来叙述算术基本定理.因为任何大于 1 的整数 n 或是合数或是素数,而在前一种情况时,n 可以唯一地分解为一系列素数的乘积.这就是

定理 9.6.1(算术基本定理) 对于大于 1 的自然数,一定可把它唯一地表达为 $n = p_1^{v_1} \cdot p_2^{v_2} \cdots p_k^{v_k}$, 这里 p_1, p_2, $\cdots$, p_k 是素数,且 v_1, v_2, $\cdots$, $v_k \in \mathbf{N}^*$.

为了求得 $\varphi(n)$ 的计算公式,我们先讨论两个简单的情况,再把它们综合起来.首先求 $\varphi(p^n)$, 这里 p 是素数.对于 $1 \leqslant k \leqslant p^n$ 的 k, 要与 p^n 互素,其充要条件是 k 不能被 p 整除,即 $p \nmid k$. 然而,在 1 到 p^n 之间,有 p^{n-1} 个数,即 p, $2p$, $3p$, $\cdots$, $(p^{n-1})p$ 是能被 p 整除的,因此其中不能被 p 整除的共有 $p^n - p^{n-1}$ 个.于是有

定理 9.6.2 设 p 是一个素数,则 $\varphi(p^n) = p^n\left(1 - \dfrac{1}{p}\right)$. 特别地,当 $n=1$ 时,$\varphi(p) = p - 1$.

其次,我们设 $(l, m) = 1$, 来求 $\varphi(lm)$ 的计算公式.为此,我们以 $[k]_{lm}$ 映为 $([k]_l, [k]_m)$ 来定义对应

$$\rho: \mathbf{Z}'_{lm} \rightarrow \mathbf{Z}'_l \times \mathbf{Z}'_m. \tag{9.5}$$

不难证明,这一对应是与同余类代表的选取无关的,因此 ρ 是一个映射.同样也不难证明 ρ 是单射又是满射,即是双射.于是 $\mathbf{Z}'_{lm}$ 中元素的个数 $\varphi(lm)$ 应等于 $\mathbf{Z}'_l \times \mathbf{Z}'_m$ 中元素的个数,即 $\mathbf{Z}'_l$ 中的元素个数 $\varphi(l)$ 与 $\mathbf{Z}'_m$ 中的元素个数 $\varphi(m)$ 的乘积.这就有

定理 9.6.3 若 $(l, m) = 1$, 则 $\varphi(lm) = \varphi(l) \cdot \varphi(m)$.

综合上述,就有

定理 9.6.4 对于大于 1 的自然数 n, 有

$$\varphi(n) = \varphi(p_1^{v_1}) \cdots \varphi(p_k^{v_k}) = n\left(1 - \frac{1}{p_1}\right) \cdots \left(1 - \frac{1}{p_k}\right), \tag{9.6}$$

其中 p_1, p_2, $\cdots$, p_k 是 n 的各个素因数.

由此容易得到 $\varphi(2) = 1$, $\varphi(3) = 2$, $\varphi(4) = 2$, $\varphi(5) = 4$, $\varphi(6) = 2$, $\cdots$, 当然这与前面的结果是一致的.

第十章

群 论 基 础

§10.1 群 的 定 义

在引入群的定义以前,先来看两个例子.

例 10.1.1 集合 $A = \{1, -1\}$,并考虑其中元的通常乘法运算,不难得出:
(i) A的元在乘法下是封闭的,(ii) 该乘法满足结合律,即对任意 $a, b, c \in A$,有 $a \cdot (b \cdot c) = (a \cdot b) \cdot c$,(iii) 有数 1,它对任意 $a \in A$,有 $1 \cdot a = a \cdot 1 = a$,(iv) 由 $1 \cdot 1 = 1$,$(-1) \cdot (-1) = 1$,可知对任意 $a \in A$,存在 $b \in A$,使得 $a \cdot b = b \cdot a = 1$.

例 10.1.2 整数集合 $\mathbf{Z}$,并考虑其中元的通常加法运算,同样也有:(i) $\mathbf{Z}$ 在加法运算下是封闭的,(ii) 加法满足结合律,(iii) 存在 $0 \in \mathbf{Z}$,它对任意 $a \in \mathbf{Z}$,有 $a + 0 = 0 + a = a$,(iv) 对任意 $a \in \mathbf{Z}$,存在 $-a$,满足 $a + (-a) = (-a) + a = 0$.

尽管这两例中的集合不同,而且所考虑的运算也不同,但是它们有共性:一个集合,一种封闭的运算,还有同样的一些运算性质.于是人们就从这些具体的原型中抽象出它们的共性,从而提出抽象群的概念,然后对抽象群进行研究.这样通过论证、推理而得出的结论和定理便能运用于任意具有这些共性的具体对象了.这就"一网打尽"了!

定义 10.1.1 在非空集合 $G = \{a, b, \cdots\}$ 中规定元素间的一种运算,称为"乘法",记作"·"(在不会混淆时可略去·). 如果 G 对"·",满足下列 4 条公理,则称 G 是一个群,记作 $(G, \cdot)$,或简单地用 G 表示:

(i) 封闭性: 若 $a, b \in G$,则 $a \cdot b \in G$;

(ii) 结合律: 若 $a, b, c \in G$,则 $(a \cdot b) \cdot c = a \cdot (b \cdot c)$;

(iii) 对任意 $a \in G$,存在 $e \in G$,满足 $e \cdot a = a \cdot e = a$,称 e 为 G 的单位元;

(iv) 对任意 $a \in G$,都有一个逆元,记作 a^{-1},满足 $a^{-1} \cdot a = a \cdot a^{-1} = e$.

于是 $A = \{1, -1\}$,在通常乘法下成群;$\mathbf{Z}$ 在通常加法下成群;集合 A 的双射全体,在映射的结合运算下成群,即 A 的变换群(参见 §9.3).

若对任意 a，$b \in G$，有 $ab = ba$，则称 G 为可换群. 对于可换群常用"+"号代替"·"号，且把此时的单位元称为零元，逆元称为负元. 如果群 G 仅含 n 个元素，则称它为 n 阶群，记作 $|G| = n$. 这种群是有限群，否则则是无限群. 下面我们主要讨论有限群.

例 10.1.3 对于 §9.5 定义的 $\mathbf{Z}_n$ 可以如下地定义它的元素的乘法：$\bar{a} \cdot \bar{b} = \overline{ab}$，但是一般来说 $\mathbf{Z}_n$ 不是群，这是因为 $\bar{n}$ 没有逆元（参见 §11.3）. 不难证明（[11]p8）$\bar{k}$ 有逆元的充要条件是 $(k, n) = 1$. 因此 $\mathbf{Z}'_n$ 是群，即模 n 同余类乘群（参见 §9.5），它是可换群，且 $|\mathbf{Z}'_n| = \varphi(n)$.

§10.2 群 与 对 称 性

我们可以用绕 O 点逆时针地，转动 $0°$ 或 $360°$，记为 g_1，转动 $120°$，记为 g_2，以及转动 $240°$，记为 g_3，这 3 个对称操作来描述图10.2.1所示图形的对称性. 对于 g_i，$g_j \in G = \{g_1, g_2, g_3\}$，我们把 $g_j \cdot g_i$ 定义为先进行 g_i 再进行 g_j，于是 G 是群. 表10.2.1给出了该图形的对称性群 G 的乘法表，表中 i 行 j 列的元素是 $g_j \cdot g_i$. 从中我们可以得到一个规律：表中的每一行和每一列都是这 3 个群元的一个排列. 在一般的情况下，有（[4] p15）

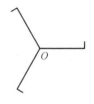

图 10.2.1

表 10.2.1

	g_1	g_2	g_3
g_1	g_1	g_2	g_3
g_2	g_2	g_3	g_1
g_3	g_3	g_1	g_2

定理 10.2.1（重新排列定理） 设 $g \in G = \{g_1, g_2, \cdots g_n\}$，则当 i 取遍 $1, 2, \cdots, n$，$g g_i$ 或 $g_i g$ 就取遍 G.

群可以用来刻画事物的对称性，这使得群论在数学、物理、化学等学科中有广泛的应用（[2]，[3]）. 本书的目标之一就是要用群去刻画 n 次多项式方程的对称性. 为此我们现在来讨论 §4.2，§6.3，§6.4 中提到过的集合 S_2，S_3，S_4，S_5，….

§10.3 对 称 群 S_n

类似于 S_2，S_3，S_4，S_5，我们把 S_n 定义为 $1, 2, \cdots, n$ 这 n 个数字的置换的全体. 接下来定义其中元的乘法，使 S_n 成群. 为简明起见，我们以（4.9）的 S_3 为例. 对于 $g_2 = \begin{pmatrix} 1 & 2 & 3 \\ 1 & 3 & 2 \end{pmatrix}$，$g_5 = \begin{pmatrix} 1 & 2 & 3 \\ 2 & 3 & 1 \end{pmatrix}$ 有 $g_2 \cdot g_5 = \begin{pmatrix} 1 & 2 & 3 \\ 1 & 3 & 2 \end{pmatrix} \cdot \begin{pmatrix} 1 & 2 & 3 \\ 2 & 3 & 1 \end{pmatrix}$.

由于 $1 \xrightarrow{g_5} 2 \xrightarrow{g_2} 3$，$2 \xrightarrow{g_5} 3 \xrightarrow{g_2} 2$，$3 \xrightarrow{g_5} 1 \xrightarrow{g_2} 1$，则有 $g_2 \cdot g_5 = \begin{pmatrix} 1 & 2 & 3 \\ 3 & 2 & 1 \end{pmatrix} =$ g_3. 不难证明 S_3 在置换的乘法下是群.

　　同样，n 个数字 1，2，$\cdots$，n 的全部置换 S_n，在上述乘法下构成 $n!$ 阶的对称群 S_n. 我们将在第二十章中研究它.

§10.4　子群与陪集

　　集合有子集合，相应地群也有子群这一概念.

　　定义 10.4.1　群 G 的非空子集合 H 称为 G 的一个子群，记作 $H \angle G$ 或 $G \searrow H$，如果在 G 所定义的乘法运算下，H 本身构成一个群.

　　显然 $\{e\}$ 和 G 本身都是 G 的子群，它们是 G 的平凡子群，G 的其他子群则是 G 的真子群. 例如在 S_3（参见 (4.9)）中，$H_1 = \{g_1, g_2\}$ 是一个真子群，$H_2 = \{g_1, g_5, g_6\}$ 也是一个真子群.

　　设 H 是 G 的一个子群. 不难证明（[9] p33）H 的单位元就是 G 的单位元 e，而且任意 $a \in H$ 在 H 中的逆元就是 a 在 G 中的逆元 a^{-1}. 另外，若要验证 G 的子集 H 对 G 的乘法运算是否成群，就需要判断此时 H 是否能满足群的 4 条公理. 不过，G 满足结合律，它的子集 H 也满足结合律. 因此验证的范围就缩小到公理 (i)、(iii)、(iv). 对此也不难验证（[9] p34）

　　定理 10.4.1　设 $H \subseteq G$，H 是 G 的子群的允要条件是对任意 a，$b \subset H$，有 $ab^{-1} \in H$.

　　子群的概念是重要的. 我们在第二十三章中将会看到伽罗瓦正是成功地揭示了每一个 n 次多项式方程都有一个与 S_n 有关的子群——该方程的伽罗瓦群相关联，从而把方程是否根式可解归结为对该子群的性质——可解性的研究. 在这个意义上，该子群是该方程的"遗传密码"（定理 25.7.2）.

　　现在我们用 G 的真子群 H 来给出 G 的一个分类. 由 $H \subset G$ 可知存在 $a_2 \in G - H$. 于是构造

$$a_2 H = \{a_2 h \mid h \in H\}, \tag{10.1}$$

容易证明 $H \cap a_2 H = \varnothing$. 如果存在 $a_3 \in G$，且 $a_3 \notin H \cup a_2 H$，则同样再构造 $a_3 H$，也有 $a_3 H \cap (H \cup a_2 H) = \varnothing$. 类似地，可得到 $a_4 H$，$a_5 H$，$\cdots$. 于是当群 G 是有限群时就有

$$G = H \cup a_2 H \cup a_3 H \cup \cdots \cup a_l H. \tag{10.2}$$

我们把 G 的具有 aH 形式的子集,称为 G 关于子群 H 的由元素 a 给出的左陪集.令 $a_1 = e$,由 $H = eH = a_1H$ 可知 H 也是 G 的一个左陪集.于是(10.2)就称为 G 的一个左陪集分解.若 $|G| = n$,$|H| = m$,且把(10.2)中左陪集的个数,称为 H 在 G 中的指数,记为 $(G : H) = l$,于是考虑到每一个左陪集中元素的个数都是 m,即有

定理 10.4.2(拉格朗日定理)　设 H 是有限群 G 的子群,则 $|G| = (G : H) \cdot |H|$.

由上可知子群 H 的阶 m 是群 G 的阶 n 的一个因子.例如,$|S_3| = 6$,所以如果它有子群的话,它只可能有 2 阶,3 阶的真子群,而不可能有 4 阶,5 阶的真子群.

类似地,我们也有右陪集的概念.这指的是具有

$$Ha = \{ha \mid h \in H\} \tag{10.3}$$

形式的集合.

例 10.4.1　沿用 §6.4 的记号,且设 $H = \{e, h_1, h_2, h_3, h_4\} \subset S_5$,其中 h_i 满足 $h_i r_1 = \zeta^i r_1$,$i = 1, 2, 3, 4$,则 $H \angle S_5$(例 20.1.2),此时 $S_5 = H \cup a_2H \cup a_3H \cup \cdots \cup a_{24}H$,而 a_jH 对 r_1 的作用给出 $r_j, \zeta r_j, \zeta^2 r_j, \zeta^3 r_j, \zeta^4 r_j$,$j = 2, 3, \cdots, 24$. 这是拉格朗日曾经得到过的一个结果.而 $|S_5| = 120$,$|H| = 5$ 以及 $(S_5 : H) = 24$,这即是定理 10.4.2 的一个特例,这也是把定理 10.4.2 称为拉格朗日定理的缘故.

§10.5　正规子群与商群

由(10.2),我们定义商集合

$$G/H = \{H, a_1H, a_2H, \cdots, a_lH\}. \tag{10.4}$$

我们希望在 G/H 中引入乘法运算,即两个陪集的乘法,使 G/H 成群.当然这一乘法应与 G 的乘法有关联.一个很自然的想法是令

$$a_iH \cdot a_jH = (a_i \cdot a_j)H. \tag{10.5}$$

不过,若 $h_i, h_j \in H$,则 $a_iH = a_ih_iH$,$a_jH = a_jh_jH$,即 a_i 与 a_ih_i 都是 a_iH 的代表,a_j 与 a_jh_j 都是 a_jH 的代表,因此如果(10.5)的定义是确定的话,它应与代表的选择无关,于是必须有

$$a_iH \cdot a_jH = a_ih_iH \cdot a_jh_jH = a_ih_ia_jh_jH. \tag{10.6}$$

由此,应有

$$(a_i a_j)H = (a_i h_i a_j h_j)H. \tag{10.7}$$

然而,对 G 的任意子群 H 来说,这一条件一般是不能满足的. 为此,伽罗瓦引入了正规子群这一重要的概念.

定义 10.5.1　如果 G 的子群 H,对任意 $a \in G$,满足 $aH = Ha$,即此时不必区分左右陪集,则称 H 为 G 的一个正规子群,记作 $G \rhd H$ 或 $H \lhd G$([11] p21).

设 $G \rhd H$,由群的乘法满足结合律以及定理 10.2.1 可知,$(a_i h_i a_j h_j)H = (a_i h_i a_j)h_j H = (a_i h_i a_j)H = (a_i h_i)Ha_j = a_i(h_i H)a_j = a_i Ha_j = a_i a_j H$,从而推出了(10.7). 此时利用 G/H 中的这一乘法,不难证明

定理 10.5.1　设 $G \rhd H$,并按(10.5)定义(10.4)中元素的乘法,则 G/H 构成群. 这个群称为 G 关于正规子群 H 的商群.

例 10.5.1　可换群 G 的任意子群都是它的正规子群.

例 10.5.2　若 H 是 G 的指数为 2 的子群,则 $G = H \bigcup aH = H \bigcup Ha$,从而有 $aH = Ha$,因此 $G \rhd H$.

例 10.5.3　对任意群 G 而言,群 G 本身与 $\{e\}$ 都是 G 的正规子群,称这两个群为 G 的平凡正规子群.

例 10.5.4　设 $G \rhd H$,则 $|G/H| = |G| / |H|$.

§10.6　循环群与 n 次本原根

设 G 是一个群,而 e 是它的单位元. 我们对于 $0 \in \mathbf{N}$, $n \in \mathbf{N}^*$,规定 $a^0 = e$,$a^n = \underbrace{a \cdot a \cdots a}_{n \uparrow}$,$a^{-n} = (a^{-1})^n$,则显然有 $a^m \cdot a^n = a^{m+n}$,$(a^n)^m = a^{nm}$,$\forall m, n \in \mathbf{Z}$. 由此,我们引入

定义 10.6.1　对于 n 阶群 G,如果存在 $a \in G$,使得 $G = \{a^0, a, a^2, \cdots, a^{n-1}\}$,则称 G 为由 a 生成的(有限)循环群,记作 $G = \langle a \rangle$,a 是 G 的一个生成元.

对于有限群 G,取任意 $a \in G$, $a \neq e$,构造 $H = \langle a \rangle$. 不难证明 H 是 G 的一个循环子群. 如果 G 是素数阶的,则由拉格朗日定理可知,G 不含任何真子群,因此 $G = H = \langle a \rangle$,即 G 是循环群,当然也是可换群,且它的每一个非单位元都是生成元.

例 10.6.1　由 §9.5 有,$\mathbf{Z}'_3 = \{\bar{1}, \bar{2}\} = \langle \bar{2} \rangle$, $\mathbf{Z}'_5 = \{\bar{1}, \bar{2}, \bar{3}, \bar{4}\} = \langle \bar{2} \rangle$,$\mathbf{Z}'_7 = \{\bar{1}, \bar{2}, \bar{3}, \bar{4}, \bar{5}, \bar{6}\} = \langle \bar{3} \rangle$.

一般地,当 p 是素数时,可证明([8] p68) $\mathbf{Z}'_p = \{\bar{1}, \bar{2}, \cdots, \overline{p-1}\}$ 是循

环群.

在§4.4和§7.2中,我们研究过 $x^n-1=0$ 的解. 此时解集合 $G_n=\{1,$ $\zeta,\cdots,\zeta^{n-1}\}$,其中 $\zeta=\mathrm{e}^{\frac{2\pi\mathrm{i}}{n}}$. 对于集合 G_n,以数的乘法为集合中元素的乘法,显然 G_n 是一个 n 阶循环群,且 ζ 是它的一个生成元. 对于 $n=6$,$G_6=\{1,\zeta,\omega,-1,\omega^2,\zeta^5\}$. 由其中的元的性质可知 $G_1=\{1\}=\langle 1\rangle$,$G_2=\{1,-1\}=\langle -1\rangle$,$G_3=\{1,\omega,\omega^2\}=\langle\omega\rangle=\langle\omega^2\rangle$,$G_6=\langle\zeta\rangle=\langle\zeta^5\rangle$. 由此可见 $x^6-1=0$ 的 6 个根 $1,\zeta,\cdots,\zeta^5$ 中,只有 ζ,ζ^5 是 G_6 的生成元,而其他的 4 个根都不是 G_6 的生成元. 因为 $1;-1;\omega,\omega^2$ 满足的 $x^n-1=0$ 型的方程的最低数分别为 $n=1,2,3$. 它们只能分别是 G_1,G_2,G_3 的生成元. 为此,我们把 $1;-1;\omega,\omega^2$ 分别称为 1 次,2 次和 3 次本原根,即是这些方程所"固有的"根. 按照这种说法,ζ 和 ζ^5 就是 6 次本原根了.

上面从是否是 G_6 的生成元的角度,把 $x^6-1=0$ 的根分成了两类:非本原根和本原根. 注意到 $1(=\zeta^6),\zeta^2,\zeta^3,\zeta^4$ 这 4 个非本原根中的指数 $6,2,3,4$ 与 $n=6$ 都不是互素的,而 ζ^1,ζ^5 这 2 个本原根中的指数 $1,5$ 与 $n=6$ 都是互素的. 因此不难得出本原根的另一种刻画:ζ^k 是 $x^6-1=0$ 的一个本原根,当且仅当 $(k,6)=1$.

在一般的情况下,$x^n-1=0$ 的解 $1,\zeta,\cdots,\zeta^{n-1}$ 中,凡满足 $(k,n)=1$ 的 k 所确定的根 ζ^k 是 G_n 的生成元,是 $x^n-1=0$ 的本原根,称为 n 次本原根. 因此,$x^n-1=0$ 的本原根共有 $\varphi(n)$ 个(参见§9.6). 当 $n=$ 素数 p 时,$\varphi(p)=p-1$,即 $\zeta,\cdots,\zeta^{p-1}$ 都是本原根.

于是在 $x^6-1=0$ 的 6 个根中:1 次本原根有 $\varphi(1)=1$ 个:1;2 次本原根有 $\varphi(2)=1$ 个:-1;3 次本原根有 $\varphi(3)=2$ 个:ω,ω^2;6 次本原根有 $\varphi(6)=2$ 个:ζ^1,ζ^5. 因此,$6=\varphi(1)+\varphi(2)+\varphi(3)+\varphi(6)=\sum\limits_{d|6}\varphi(d)$,其中 $\sum$ 是求和符号,下标 $d|6$ 表示,对 $\varphi(d)$ 的求和时,d 取遍 6 的所有因子,即 $d=1,2,3$ 和 6. 而在一般情况下,有

$$\sum_{d|n}\varphi(d)=n \tag{10.8}$$

§10.7 单 群

定义 10.7.1 如果群 G 除了 G 本身和 $\{e\}$ 这两个平凡的正规子群外,不含任何其他的正规子群,则称 G 为(简)单群.

由 §10.6 可知,素数阶群必是可换群,又因为它没有任何真子群,所以它又是可换单群.反过来,设 G 是 n 阶可换单群,因此 G 就没有任何真子群.任取 $a \in G$,且 $a \neq e$,构造 $\langle a \rangle$,那么 $\langle a \rangle = G$,于是 $G = \{a^0 = e, a, a^2, \cdots, a^{n-1}\}$.若 n 是合数,则从 $n = l \cdot m$,$1 < l < n$,$1 < m < n$ 可推知 $\langle a^l \rangle$ 是 G 的一个真子群,这就矛盾了.因此 n 必是素数.所以有限可换单群一定是素数阶群.在 §20.4 和 §20.5 中有许多单群的例子.

§10.8　群的同态映射与同构映射

要把 $(G, \cdot)$ 与 $(G', \times)$ 联系起来,我们要讨论 G 到 G' 的映射.这时 G 和 G' 除了是集合外,还是群,因此所考虑的映射还必须与它们的乘法运算关联起来.

定义 10.8.1　映射 $f: (G, \cdot) \to (G', \times)$ 称为一个同态映射,如果对任意 $a, b \in G$,有

$$f(a \cdot b) = f(a) \times f(b), \tag{10.9}$$

即 a 和 b 的乘积 $a \cdot b$(按 G 中运算"$\cdot$"进行),对应于它们在 G' 中的像 $f(a)$ 和 $f(b)$ 的乘积 $f(a) \times f(b)$(按 G' 中运算"$\times$"进行).

这一条件也可以简单地说成"f 保持群的运算".在(10.9)中,令 $a = e$,则有 $f(b) = f(e) \times f(b)$.由此可推知 $f(e)$ 是 G' 的单位元 e'.因此 f 将"单位元映为单位元".再令 $b = a^{-1}$,有 $f(e) = f(a) \times f(a^{-1})$,由此可推知 $f(a^{-1}) = (f(a))^{-1}$,即 f 将"逆元映为逆元".在不至于混淆的情况下,我们就省略"$\cdot$","$\times$"这些符号.

定义 10.8.2　映射 $f: G \to G'$ 如果是同态映射又是双射,则称为同构映射.此时称 G 和 G' 同构,记作 $G \approx G'$.

例 10.8.1　§10.2.1 所讨论的图 10.2.1 的对称性群 $G = \{g_1, g_2, g_3\}$ 与 $x^3 - 1 = 0$ 的 3 个根构成的循环群 $\{1, \omega, \omega^2\}$ 显然是同构的:$0°$,$120°$,$240°$ 的转动分别对应 $1, \omega, \omega^2$.事实上,任意 n 阶循环群都是同构的.

很明显,两个同构的群,在抽象意义上来看是完全一样的,两者只有符号上的差别.

定义 10.8.3　设 $f: G \to G'$ 是一个同态映射,定义

$$\text{Im} f = \{f(a) \mid a \in G\}, \quad \text{Ker} f = \{a \in G \mid f(a) = e'\}, \tag{10.10}$$

$\text{Im} f$ 称为同态 f 的像,而 $\text{Ker} f$ 称为同态 f 的核.

符号 Im 和 Ker 分别是英语中 image(影像)一词和 kernel(核心)一词的缩

写.Im f 显然就是 f 的值域,即 Im $f = f(G)$.当然 Im $f \subset G'$,且 f 是满射的充要条件是 Im $f = G'$.而 Ker f 表示的是 G 中的所有像是 e' 的那些元所构成的集合,即 Ker f 是 e' 的原像的全体.当然 Ker $f \subset G$,且 f 是单射的充要条件是 Ker $f = \{e\}$.还可以证明 Im $f \angle G'$,及 $G \triangleright$ Ker f ([9] p51).

由 G 和它的正规子群 Ker f,我们有商群 $G/\mathrm{Ker}\,f$,它的元是 $a\mathrm{Ker}\,f$ 形式的陪集(参见 §10.5).因此由 $a\mathrm{Ker}\,f$ 映射为 $f(a)$,可定义 $g: G/\mathrm{Ker}\,f \to \mathrm{Im}\,f$.不难证明这个 g 是一个同构映射([9] p51).因此有

定理 10.8.1(同态基本定理)　如果 $f: G \to G'$ 是一个同态映射,则

$$G/\mathrm{Ker}\,f \approx \mathrm{Im}\,f. \tag{10.11}$$

如果 f 还是一个满射,那么 Im $f = G'$,从而

$$G/\mathrm{Ker}\,f \approx G'. \tag{10.12}$$

有了群的概念后,我们就能更详细地描述以前提到过的数集合 **N**, **Z**, **Q**, **R**, **C**.

第十一章

数 与 代 数 系

§11.1　自然数集 N 作为可换半群及其可数性

自然数集 $N = \{0, 1, 2, \cdots\}$ 对加法运算"＋"满足(i) 封闭性,(ii) 结合律. 数学家把满足条件(i),(ii)的代数系称为半群. 在 N 这个半群中,它还有加法的零元 0,以及加法运算是可换的,因此(N, ＋)是一个有零元的可换半群.

虽然 N 有无限多个元素,但是这个无限有一个特性:任意一个 $n \in N$,只要 $0, 1, 2, \cdots$ 这样数下去,总可以数到. 依此,我们称 N 是(无限)可数的.

§11.2　整数集合 Z 与整环

对于例如说,$3 \in N$,它的加法负元 $-3 \notin N$,所以(N, ＋)还不是群,这就必须扩大 N,即把负整数添加进去. 这就有了整数集合 $Z = \{0, \pm 1, +2, \cdots\}$. 此时(Z, ＋)是一个可换群.

Z 中还有通常的乘法运算"·". 容易知道(Z, ·)是一个具有单位元 1 的可换半群. 如果我们在 Z 中同时考虑"＋"和"·"这两种运算,那么(Z, ＋, ·)还分别满足左分配律 $a \cdot (b+c) = a \cdot b + a \cdot c$ 和右分配律 $(b+c) \cdot a = b \cdot a + c \cdot a$. 由此我们引入环的概念.

定义 11.2.1　集合 K 有"＋"和"·"运算,并满足:(i) (K, ＋)构成可换群,(ii) (K, ·)构成半群,(iii) (K, ＋, ·)有左、右分配律,则称(K, ＋, ·)构成一个环. 如果(K, ·)还满足(iv)交换律,则称(K, ＋, ·)是一个可换环.

于是(Z, ＋, ·)是一个有乘法单位元 1 的可换环. 同时,(Z, ·)还满足消去律,即对任意 $c \neq 0$,由 $c \cdot a = c \cdot b$,可推出 $a = b$. 这是一个很重要的性质,为此我们引入

定义 11.2.2　有乘法单位元的可换环,若满足消去律,则称为整环.

因此,(Z, ＋, ·)是一个整环. 当然 Z 中还有减法运算. 利用对任意 $b \in Z$,

有负元$-b$,则对任意$a,b\in\mathbf{Z}$,有$a-b=a+(-b)$.根据这种做法,减法就是由加法导出的一种运算了.

$\mathbf{Z}$也是可数的,因为我们可以用$0,1,-1,2,-2,\cdots$这样来数$\mathbf{Z}$.这种数数法也表明了,若集合A和B均为可数的,则$A\bigcup B$也是可数的.

§11.3　域与有理数域 Q

对于整环$(K,+,\cdot)$而言,$(K,\cdot)$一定不是群.这是因为K中的加法零元0,是一定没有乘法的逆元的.这一点可用反证法来证明.设0的乘法逆元为a,于是$0\cdot a=1$(这里1是乘法单位元,因此我们假定了K中至少存在$0,1$两个元素).然而,由分配律可得$0\cdot a=(1-1)a=a-a=0$,即$0=1$,这就矛盾了.于是我们只能要求$K^{*}=K-\{0\}$成群.从而有

定义 11.3.1　如果整环$(F,+,\cdot)$至少有2个元,且对F中的每一个非零元都有逆元,则称F是一个域.

由此可见域F对加法是加群,而$F^{*}=F-\{0\}$对乘法是可换群,且对加法和乘法有分配律.在域F中,按$a\div b=a\cdot b^{-1}$,$a,b\in F$,$b\neq0$,可引入除法.这样,域是一种具有良好运算的数学对象.在其中,域运算,即四则运算,加"$+$",减"$-$",乘"$\times$",除"$\div$"(除数不为0)能"如常地进行".在方程的根式求解中,我们对数字要进行域运算以及开方运算.对域运算而言,由数字构成的域——数域就十分重要了.设$a\in F$,则一般来说$\sqrt[n]{a}$,$n\in\mathbf{N}^{*}$不一定属于F,所以对开方运算来说,扩域就非常重要了(参见第十四章).

例 11.3.1　当$n=$素数p时,$\mathbf{Z}_p=\{\overline{1},\overline{2},\cdots,\overline{p}\}$,定义$\overline{a}+\overline{b}=\overline{a+b}$,$\overline{a}\cdot\overline{b}=\overline{a\cdot b}$,而

$$\mathbf{Z}_p-\{\overline{0}\}=\mathbf{Z}_p'=\{\overline{1},\overline{2},\cdots,\overline{p-1}\}$$

则由例 10.1.3 可知$\mathbf{Z}_p$构成域,称为素域.

不难知道,作为整数$\mathbf{Z}$的扩张,有理数集合$(\mathbf{Q},+,\cdot)$是一个数域,称为有理数域.而且$\mathbf{Q}$也是可数的.图 11.3.1 给出了正有理数$\mathbf{Q}^{+}$的一种数数的方法(跳过重复出现的数字).那么负有理数$\mathbf{Q}^{-}$也是可数的,再由$\mathbf{Q}=\{0\}\bigcup\mathbf{Q}^{+}\bigcup\mathbf{Q}^{-}$可知$\mathbf{Q}$是可数的.

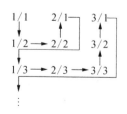

图 11.3.1

§11.4 实数域 R 的不可数性

对于实数集合 R 及其中的运算"+"和"·"而言,可以验证 R 构成实数域. R 中除了有理数外,还有无理数,这使得 R 不可数了. 下面我们用反证法来证明: 满足 $0 < r < 1$ 的全体实数 $\bar{r}$ 是不可数的,从而也证明了 R 是不可数的. 假定 $\bar{r}$ 是可数的,因而存在双射 $f : \mathbf{N} \to \bar{r}$, 有

$$f(0) = 0.\, a_{00} a_{01} a_{02} \cdots,$$
$$f(1) = 0.\, a_{10} a_{11} a_{12} \cdots,$$
$$f(2) = 0.\, a_{20} a_{21} a_{22} \cdots, \tag{11.1}$$
$$\vdots$$

现构造

$$b = 0.\, b_0 b_1 b_2 \cdots, \text{ 其中 } b_n = \begin{cases} a_{nn} - 1, & \text{若 } a_{nn} \neq 0, \\ 1, & \text{若 } a_{nn} = 0, \end{cases} \quad n = 0, 1, 2, \cdots \tag{11.2}$$

因为 $0 < b < 1$, 由此可推出 $b \in \bar{r}$, 但 $b_n \neq a_{nn}$, $n = 0, 1, 2, \cdots$, 因此 b 不会出现在上述排列之中,这就与 f 是双射矛盾了. 以后,我们将用到 R 是不可数的这一事实(参见 §15.3).

§11.5 复数域 C 与子域

不难验证复数集合 C,对通常的"+"和"·"运算而言,满足域的定义,因此有复数域 C. 作为集合,显然有 $\mathbf{C} \supset \mathbf{R} \supset \mathbf{Q}$, 那么它们之间是否有进一层的关系呢? 为此我们引入

定义 11.5.1 若域 $E \supseteq F$, $F \neq \varnothing$, F 对于 E 中的"+"和"·"构成一个域,则称 F 为 E 的一个子域,而 E 为 F 的一个扩域,记作 E/F.

从域的定义以及子群的判断定理 10.4.1 可知,要判断域 E 的非空子集合 F 是否为子域,有

定理 11.5.1 设 $F \subseteq E$, E 是域,而 $F \neq \varnothing$, 则 F 是 E 的子域的充要条件为

(i) $\forall a, b \in F$, 有 $a - b \in F$;

(ii) $\forall a, b \in F$, $b \neq 0$, 有 $ab^{-1} \in F$.

换言之，F 在"＋"，"－"，"×"，"÷"运算下是封闭的. 于是不难验证 $\mathbf{C}/\mathbf{R}$，$\mathbf{C}/\mathbf{Q}$，$\mathbf{R}/\mathbf{Q}$ 等. 我们把 $\mathbf{C}$ 以及它的任意子域都称为数域. 以后我们主要讨论数域.

设 F 是一个数域，因为 $1 \in F$，由此能推出 $1-1=0$，$1+1=2$，… 都属于 F，即 $\mathbf{N} \subset F$. 再由加法运算的负元都属于 F，能推出 $\mathbf{Z} \subset F$. 最后由除法的封闭性（0 不做除数）能推出 $\mathbf{Q} \subseteq F$，即

定理 11.5.2 对任意数域 F 都有 $F/\mathbf{Q}$，即 $\mathbf{Q}$ 是任意数域的子域.

也不难证明（[9] p35）

定理 11.5.3 设 E 为一个域，则 E 的所有子域的交集 F 是 E 的一个子域.

除了上面的 $\mathbf{C}$，$\mathbf{R}$，$\mathbf{Q}$ 外，还有许多其他的数域. 例如，由 $\mathbf{Q}$ 可构成

$$\mathbf{Q}(\sqrt{2}) = \{a + b\sqrt{2} \mid a, b \in \mathbf{Q}\}. \tag{11.3}$$

对于任意 $a_i + b_i\sqrt{2} \in \mathbf{Q}(\sqrt{2})$，$i = 1, 2$，有 $(a_1 + b_1\sqrt{2}) \pm (a_2 + b_2\sqrt{2}) = (a_1 \pm a_2) + (b_1 \pm b_2)\sqrt{2}$，$(a_1 + b_1\sqrt{2})(a_2 + b_2\sqrt{2}) = (a_1a_2 + 2b_1b_2) + (a_1b_2 + a_2b_1)\sqrt{2}$，以及 $\dfrac{1}{a+b\sqrt{2}} = \dfrac{a - b\sqrt{2}}{a^2 - 2b^2}$ $(a, b \neq 0)$，即通常的"分母有理化"，从上可知 $\mathbf{Q}(\sqrt{2})$ 是一个域，称为 $\mathbf{Q}$ 添加 $\sqrt{2}$ 而构成的域（参见 §16.2）. 有了域的概念，接下来就能讨论域上的向量空间了.

第十二章

域上的向量空间

§12.1 向量空间的定义

在中学的数学和物理中,我们学过和用过平面中的向量. 由这些有方向、有长度的向量构成的集合 V_2 中,有两种运算:一种是用平行四边形法则来求两个向量的和——合向量;另一种是用数去乘一个向量,而得出它的一个倍数. 前者是向量的加法,后者是向量的数乘. 当然这两种运算还符合一定的法则. 还有其他的数学对象也有同样的情况:一个集合,一种加法,一种数乘,一定的法则. 为此我们抽象出下列定义,以便对它们作统一的研究([4] p35).

定义 12.1.1 集合 V 称为数域 F 上的向量空间,V 中的元素称为向量,如果有:

(i) 集合 V 中定义了"+"运算,使 $(V, +)$ 构成可换群,此时的零元是零向量记为 0. 而 $v \in V$ 的负元记为 $-v$;

(ii) 对于 $a \in F$, $v \in V$ 定义了它们的数乘运算,即 $av \in V$. 而对 v_1, v_2, $v \in V$, $a, b \in F$,有

$$a(v_1 + v_2) = av_1 + av_2, \ (a+b)v = av + bv, \ (ab)v = a(bv), \ 1 \cdot v = v.$$

其中 1 是域 F 的乘法单位元,即数字 1.

据此,不难得出平面中的所有向量构成 **R** 上的向量空间 V_2. 类似地,域 F 上的一元多项式全体,即

$$F[x] = \left\{ a_n x^n + \cdots + a_1 x + a_0 = \sum_{i=0}^{n} a_i x^i \,\middle|\, a_i \in F, \ n \in \mathbf{N} \right\} \quad (12.1)$$

以多项式的加法定义 $F[x]$ 中元素的加法,以数与多项式的乘法定义 $F[x]$ 中元素的数乘,则 $F[x]$ 就是 F 上的一个向量空间.

§12.2 向量空间的一些基础理论

我们知道,在 V_2 中还存在着向量 i 和 j,它们有下列性质: (i) 任意的向量

$v \in V_2$，都可以唯一地表示为 $v = a\boldsymbol{i} + b\boldsymbol{j}$，$a, b \in \mathbf{R}$，(ii) 若 $a\boldsymbol{i} + b\boldsymbol{j} = \boldsymbol{0}$，则必有 $a = b = 0$. 这里前面一个 $\boldsymbol{0}$ 是零向量，而后面一个 0 是 $\mathbf{R}$ 中的数字 0，但一般不会混淆，我们在下面就不加区分了. 在一般情况下，有

定义 12.2.1 设 $v_1, v_2, \cdots, v_s \in V$，称它们是线性无关的，如果 $a_1 v_1 + a_2 v_2 + \cdots + a_s v_s = 0$，$a_1, a_2, \cdots, a_s \in F$，能推出 $a_i = 0$，$i = 1, 2, \cdots, s$，否则则是线性相关的. 若 V 中存在 n 个线性无关的向量 $u_1, u_2, \cdots, u_n$，且对任意 $v \in V$，则可表示为 $v = a_1 u_1 + a_2 u_2 + \cdots + a_n u_n$，其中 $a_1, a_2, \cdots, a_n \in F$，则称 $\{u_1, u_2, \cdots, u_n\}$ 是 V 在 F 上的一个基，且 V 是 n 维的.

因此上述 $\boldsymbol{i}, \boldsymbol{j}$ 是线性无关的，它们是 V_2 的一个基，且 V_2 是 2 维的，而 $F[x]$ 中的 $1, x, x^2, \cdots$ 是线性无关的，且 $F[x]$ 不是有限维的.

§12.3 数域作为向量空间

我们以有理数域 $\mathbf{Q}$ 为例来说明. $\mathbf{Q}$ 作为域已有元素间的乘法和加法. 现在把定义 12.1.1 中的 V 取为 $\mathbf{Q}$，F 也取为 $\mathbf{Q}$，则由 $\mathbf{Q}$ 是域不难看出，此时 $\mathbf{Q}$ 是 $\mathbf{Q}$ 自身上的向量空间，而且此时 $\mathbf{Q}$ 是 1 维的. 类似地，$\mathbf{R}$ 和 $\mathbf{C}$ 都分别是其自身上的向量空间.

如果我们取 $V = \mathbf{C}$，$F = \mathbf{R}$，即这时的数乘是用实数去乘，则 $\mathbf{C}$ 也是 $\mathbf{R}$ 上的向量空间，我们把 $c \in \mathbf{C}$，写成 $c = a + bi$，$a, b \in \mathbf{R}$，把 $\mathbf{C}$ 看成是 $\mathbf{R}$ 上的向量空间，则 $\mathbf{C}$ 有一个由 $\{1, i\}$ 构成的基，所以 $\mathbf{C}$ 作为 $\mathbf{R}$ 上的向量空间是 2 维的. 同样，(11.3) 给出的 $\mathbf{Q}(\sqrt{2})$ 是自身上的 1 维向量空间，而作为 $\mathbf{Q}$ 上的向量空间时，它有基 $\{1, \sqrt{2}\}$，所以是 2 维的. 然而，当我们取 $V = \mathbf{R}$，$F = \mathbf{Q}$ 时，则 $\mathbf{R}$ 是 $\mathbf{Q}$ 上的向量空间，不过诸如基和维数之类的问题就不那么简单了. 这将在 §16.6 中进一步分析讨论.

第十三章

域上的多项式

§13.1　一些基本事项

一元多项式 $f(x) = \sum_{i=0}^{n} a_i x^i$，$a_i \in F$，$n \in \mathbf{N}$ 应是(12.1)所示的 $F[x]$ 中的元. 若最高项系数 $a_n \neq 0$，$n > 0$，则称 $f(x)$ 是 n 次的，若 $n = 0$，而 $a_0 \neq 0$，则 $f(x) = a_0$ 是 0 次的，即 F 中的非零元是 0 次多项式；若所有的 a_i 都为 0，即 $f(x) = 0$ 是零多项式，它是 F 中的零元，我们不定义它的次数. $f(x)$ 的次数用 $\deg f$ 表示.

对于 $F[x]$ 中多项式的加法和多项式的数乘，$F[x]$ 是 F 上的一个向量空间. 而 $F[x]$ 中还有多项式的乘法，不难得出 $F[x]$ 是一个整环.

§13.2　多项式的可约性与艾森斯坦定理

定义 13.2.1　对于 $p(x) \in F[x]$，$\deg p \geq 1$，如果不存在分别满足

$$\deg p > \deg f \geq 1 \text{ 和 } \deg p > \deg g \geq 1$$

的 $f(x)$，$g(x) \in F[x]$，使得 $p(x) = f(x) \cdot g(x)$，则称 $p(x)$ 在 $F[x]$ 中(或 F 上)是不可约的，否则是可约的.

利用因式分解可将可约的多项式分解成一些次数更低的多项式. 不过多项式是否能因式分解是与所考虑的域有关的. 例如 $x^2 - 2$ 在 $\mathbf{Q}$ 上是不可约的，但在 $\mathbf{R}$ 上 $x^2 - 2 = (x - \sqrt{2})(x + \sqrt{2})$. 又如 $x^4 - x^2 - 2$ 分别作为 $\mathbf{Q}[x]$，$\mathbf{R}[x]$，$\mathbf{C}[x]$ 中的多项式就分别有 $(x^2 - 2)(x^2 + 1)$，$(x - \sqrt{2})(x + \sqrt{2})(x^2 + 1)$，$(x - \sqrt{2})(x + \sqrt{2})(x - \mathrm{i})(x + \mathrm{i})$. 为了今后的应用，我们给出高斯的学生德国数学家艾森斯坦(Ferdinand Gotthold Max Eisenstein，1823—1852)证明过的下列判据([10] p19).

定理 13.2.1(艾森斯坦不可约判据) 设 $f(x) = \sum_{i=0}^{n} a_i x^i \in \mathbf{Z}[x]$，即 $a_i \in \mathbf{Z}$，$i = 0, 1, 2, \cdots, n$，如果存在一个素数 p，它能整除除 a_n 外的所有系数，且 p^2 不能整除 a_0，那么 $f(x)$ 在 $\mathbf{Q}$ 上是不可约的.

例 13.2.1 $f(x) = 2x^5 - 10x + 5$ 在 $\mathbf{Q}$ 上是不可约的，这是因为存在 $p = 5$，能满足上述定理要求.

例 13.2.2 多项式 $x^n - 1 = (x-1)(x^{n-1} + \cdots + x + 1) = (x-1)f(x)$，因此它在 $\mathbf{Q}$ 上是可约的. 当 n 是偶数时，因为 $f(x) = x^{n-1} + x^{n-2} + \cdots + x + 1 = (x+1)(x^{n-2} + x^{n-4} + \cdots + x^2 + 1)$，所以 $f(x)$ 仍是可约的；当 n 是奇数时，尽管 $f(x)$ 的根都是复数，但是它可能在 $\mathbf{Q}$ 上仍是可约的. 例如 $n = 9$ 时，$f(x) = x^8 + x^7 + \cdots + x + 1 = (x^2 + x + 1)(x^6 + x^3 + 1)$（参见 §19.3）. 但当 $n = p$（素数）时，$f(x) = x^{p-1} + x^{p-2} + \cdots + x + 1$ 在 $\mathbf{Q}$ 上不可约. 这是高斯研究过的一个课题. 要直接应用定理 13.2.1 来证明此时 $f(x)$ 在 $\mathbf{Q}$ 上不可约是行不通的. 为此，我们利用 $f(x)$ 在 $\mathbf{Q}$ 上的不可约性等价于 $f(x+1)$ 在 $\mathbf{Q}$ 上的不可约性这一点. 于是由 $x^p - 1 = (x-1) \cdot f(x)$，即 $f(x) = \dfrac{x^p - 1}{x - 1}$，有

$$f(x+1) = \frac{(x+1)^p - 1}{(x+1) - 1} = \frac{x^p + px^{p-1} + \cdots + px}{x}$$

$$= x^{p-1} + px^{p-2} + \frac{p(p-1)}{2}x^{p-3} + \cdots + p. \tag{13.1}$$

其中在 $(x+1)^p$ 展开时用到了牛顿二项式公式. 由定理 13.2.1 知，$f(x+1)$ 在 $\mathbf{Q}$ 上是不可约的.

§13.3 关于三次方程根的一些定理

对于 $f(x) \in F[x]$，$F \subset \mathbf{C}$，若存在 $\alpha \in \mathbf{C}$ 使得 $f(\alpha) = 0$，则称 α 是多项式 $f(x)$ 的一个根，或多项式方程 $f(x) = 0$ 的一个根. 为了以后的应用，我们考虑域 F 上的一般三次方程

$$ax^3 + bx^2 + cx + d = 0, \ a, b, c, d \in F, \ a \neq 0, \tag{13.2}$$

并列出下面 3 个定理：

定理 13.3.1 设(13.2)的根为 α_1，α_2，α_3，则 $\alpha_1 + \alpha_2 + \alpha_3 = -\dfrac{b}{a} \in F$.

这就是韦达定理的根和系数的关系. 其次,正如我们所熟知的,实系数多项式方程,如果有复根 $a+bi$, $b \neq 0$,则它一定有复共轭根 $a-bi$,即互为共轭的复根是成对出现的,我们同样也有(参见 §16.1).

定理 13.3.2　如果 $p+q\sqrt{r}$ 是(13.2)的一个根,其中 $p, q, r \in F \subset \mathbf{R}, r > 0$,且 $\sqrt{r} \notin F$,则 $p-q\sqrt{r}$ 也是(13.2)的一个根.

例如 $x^3 - 5x^2 + 5x - 1 = (x-1)(x-2-\sqrt{3})(x-2+\sqrt{3})$,根 $2+\sqrt{3}$ 与根 $2-\sqrt{3}$ 是成对出现的.

定理 13.3.3　如果(13.2)是整系数方程,即此时 $a, b, c, d \in \mathbf{Z}$,且它有有理根 p/q,其中 $p, q \in \mathbf{Z}$,且 $(p, q) = 1$,那么分子 p 应是 d 的一个因数,而分母 q 应是 a 的一个因数.

这个定理也是熟知的. 例如 $12x^3 - 8x^2 - 3x + 2 = 0$ 可能的有理根应为 ± 1, ± 2, $\pm \dfrac{1}{2}$, $\pm \dfrac{1}{3}$, $\pm \dfrac{2}{3}$, $\pm \dfrac{1}{4}$, $\pm \dfrac{1}{6}$, $\pm \dfrac{1}{12}$. 经验证可知 $\dfrac{1}{2}$, $-\dfrac{1}{2}$, $\dfrac{2}{3}$ 是根.

例 13.3.1　容易验证整系数方程 $8x^3 - 6x^2 - 1 = 0$ 没有有理根.

在群论中,我们常感兴趣的是如何决定一个群 G 的子群,而在域论中,我们感兴趣的却是给定一个域后如何去作出它的扩域. 这一问题我们将在下一部分中来研究.

第四部分
扩域理论

在这一部分中，我们将讨论扩域的理论，尤其是有限扩域的理论. 随后讨论代数数和超越数，以及代数扩域，其中特别重要的是单代数扩域，最后讨论有重要应用的纯扩域和根式塔.

第十四章

有 限 扩 域

§14.1 扩域作为向量空间

设 E/F 是扩域,我们以如下的方式把扩域 E 看成其子域 F 上的一个向量空间:把定义 12.1.1 中的 $(V, +)$ 和数域 F 分别取为 $(E, +)$ 和 E 的子域 F. 这样,E 中元就有原来的加法运算. 对 E 中元原来的乘法运算,即 $c, d \in E$,有 $cd \in E$,我们把 c 限制在 F 中,即 $c \in F$,而 $d \in E$,这就有了以子域 F 作为数域对扩域 E 的数乘. 不难看出,在这种处理之下,扩域 E 就是其子域 F 上的一个向量空间了. 于是对扩域 E/F 就可应用向量空间的理论了.

定义 14.1.1 设 E/F 是扩域,若 E 作为 F 上的向量空间是有限 n 维的,记作 $n = [E : F]$,则称 E/F 是一个 n 维有限扩域,否则 E 则是 F 的一个无限扩域.

设 $[E : F] = n$,那么在 E 中就存在基 $\{e_1, e_2, \cdots, e_n\}$,使得对任意 $a \in E$,有

$$a = a_1 e_1 + a_2 e_2 + \cdots + a_n e_n, \ a_i \in F, \ i = 1, 2, \cdots, n. \quad (14.1)$$

例 14.1.1 对于 (11.3) 的 $\mathbf{Q}(\sqrt{2})$ 有 $[\mathbf{Q}(\sqrt{2}) : \mathbf{Q}] = 2$,且 $\{1, \sqrt{2}\}$ 是 $\mathbf{Q}(\sqrt{2})$ 在 $\mathbf{Q}$ 上的一个基. 对于 $\mathbf{Q}(\sqrt[3]{2}) = \{a + b\sqrt[3]{2} + c\sqrt[3]{4} \mid a, b, c \in \mathbf{Q}\}$,有 $[\mathbf{Q}(\sqrt[3]{2}) : \mathbf{Q}] = 3$,而 $\{1, \sqrt[3]{2}, \sqrt[3]{4}\}$ 是 $\mathbf{Q}(\sqrt[3]{2})$ 在 $\mathbf{Q}$ 上的一个基.

§14.2 维 数 公 式

考虑 $\mathbf{Q}(\sqrt{2}, \sqrt{3}) = \{a + b\sqrt{2} + c\sqrt{3} + d\sqrt{6} \mid a, b, c, d \in \mathbf{Q}\}$,不难得出 $\mathbf{Q}(\sqrt{2}, \sqrt{3})/\mathbf{Q}(\sqrt{2})$,以及 $\mathbf{Q}(\sqrt{2}, \sqrt{3})/\mathbf{Q}$,且有

$$\mathbf{Q}(\sqrt{2}, \sqrt{3}) \supset \mathbf{Q}(\sqrt{2}) \supset \mathbf{Q}. \quad (14.2)$$

我们把 $\mathbf{Q}(\sqrt{2})$ 称为 $\mathbf{Q}(\sqrt{2},\sqrt{3})$ 和 $\mathbf{Q}$ 的中间域. 由 $a+b\sqrt{2}+c\sqrt{3}+d\sqrt{6}=(a+b\sqrt{2})+(c+d\sqrt{2})\sqrt{3}$ 可知，$[\mathbf{Q}(\sqrt{2},\sqrt{3}):\mathbf{Q}(\sqrt{2})]=2$. 而 $[\mathbf{Q}(\sqrt{2},\sqrt{3}):\mathbf{Q}]=4$，所以

$$[\mathbf{Q}(\sqrt{2},\sqrt{3}):\mathbf{Q}]=[\mathbf{Q}(\sqrt{2},\sqrt{3}):\mathbf{Q}(\sqrt{2})]\cdot[\mathbf{Q}(\sqrt{2}):\mathbf{Q}]. \tag{14.3}$$

事实上，若

$$K\supset E\supset F, \tag{14.4}$$

且 $u_1,u_2,\cdots,u_n$ 是 E 在 F 上的基，而 $w_1,w_2,\cdots,w_m$ 是 K 在 E 上的基，则不难得出 u_iw_j([8] p42)，$i=1,2,\cdots,n$，$j=1,2,\cdots,m$ 是 K 在 F 上的基. 于是

定理 14.2.1(维数公式)　若 E 是 F 的有限扩域，而 K 是 E 的有限扩域，则 K 是 F 的有限扩域，且有

$$[K:F]=[K:E]\cdot[E:F] \tag{14.5}$$

推论 14.2.1　$[E:F]$ 和 $[K:E]$ 都是 $[K:F]$ 的因数.

第十五章

代数数与超越数

§15.1　代数元与代数数

定义 15.1.1　设 E/F 是扩域,且 $\alpha \in E$. 如果 α 是系数在 F 中的一个非零多项式的根,则称 α 在 F 上是代数的,或是代数元;否则是超越的,或是超越元.

例 15.1.1　设 E/F 是扩域,则对任意 $a \in F$,在 F 上都是代数的,因为 a 必定是 $x - a$ 的根.

例 15.1.2　由 $\mathbf{C}/\mathbf{Q}$ 可知,$\sqrt{2}$ 和 i 在 $\mathbf{Q}$ 上都是代数的,因为它们分别是 $x^2 - 2$,$x^2 + 1$ 的根.

由 $\mathbf{C} \supset \mathbf{R} \supset \mathbf{Q}$,$\sqrt{2}$ 和 i 在 $\mathbf{R}$ 和 $\mathbf{C}$ 上也必然是代数的.

当然"代数的"和"超越的",或"代数元"和"超越元"都是对固定的扩域 E/F 而言的. 例如圆周率 $\pi \in \mathbf{R}$,它对 $\mathbf{C}/\mathbf{R}$ 而言,就是"代数的",因为它是 $x - \pi$ 的根,但它对 $\mathbf{R}/\mathbf{Q}$ 却是"超越的",即 π 不是任何有理系数多项式的根(参见 §15.3).另外,对于 $\mathbf{C}/\mathbf{Q}$ 这一特殊情况,更进一步有

定义 15.1.2　对于 $\mathbf{C}/\mathbf{Q}$,如果 $c \in \mathbf{C}$ 在 $\mathbf{Q}$ 上是代数的,则称它为代数数,否则则是超越数.

这也就是说 $c \in \mathbf{C}$ 是代数数,当且仅当 c 是某个非零的 $f(x) = \sum_{i=0}^{n} a_i x^i$ 的根,其中的 a_0,a_1,$\cdots$,$a_n \in \mathbf{Q}$. 如果用各个 a_i 的公分母去乘 $f(x)$,那么也可以等价地说 c 是某个非零的整系数多项式 $\sum_{i=0}^{n} b_i x^i$ 的根,其中的 b_0,b_1,$\cdots$,$b_n \in \mathbf{Z}$. 因为任意 $a \in \mathbf{Q}$ 在 $\mathbf{Q}$ 上都是代数的,故 $\mathbf{Q}$ 中的所有数都是代数数. 如果把代数数的全体记作 $\mathbf{A}$ 的话,则从 $\sqrt{2} \in \mathbf{A}$,有

$$\mathbf{Q} \subset \mathbf{A} \subseteq \mathbf{C}. \tag{15.1}$$

§15.2 代数数集 A 是可数的

如果我们能证明 $\mathbf{Z}[x]$ 中方程的个数是可数的,于是从每个方程的根都是有限的,那么就可以如下地来数所有根,也即代数数:对于第一个方程,列出它的所有不同的根,然后到第二个方程,列出以前所有没有出现过的根,然后,以此类推. 为此,我们用符号 (m, a), $m, a \in \mathbf{N}^*$ 来表示 $\mathbf{Z}[x]$ 中的次数为 m,且各系数 a_i 的绝对值,满足 $|a_i| \leqslant a$ 的一类方程. 例如 $(1, 1)$ 表示方程 $x + 0 = 0$, $x \pm 1 = 0$; $(1, 2)$ 表示的方程,除了上面已出现过的,还有尚未列出过的: $x \pm 2 = 0$, $2x \pm 1 = 0$. 图 15.2.1 给出了 (m, a) 类方程的一个数数方法:先考虑类 $(1, 1)$,列出其中的方程,然后轮到类 $(1, 2)$,列出

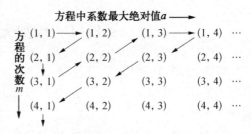

图 15.2.1

其中出现的新方程,然后, $\cdots$. 因为每一个整系数方程必属于某一类 (m, a),于是有: $\mathbf{Z}[x]$ 中方程的个数是可数的,从而代数数集合 $\mathbf{A}$ 是可数的.

§15.3 超越数的存在

我们已知 $\mathbf{Q}$ 是可数的, $\mathbf{A}$ 是可数的,而 $\mathbf{R}$ 是不可数的. 不过 $i \in \mathbf{A}$,即 i 是代数数,因此 $\mathbf{A}$ 中有复数. 为此,我们研究 $\mathbf{A} \bigcap \mathbf{R}$,即实代数数的集合. 首先,由于 $\mathbf{A}$ 是可数的,因此,由于 $\mathbf{Q} \subset \mathbf{A}$,可推出 $\mathbf{Q} = \mathbf{Q} \bigcap \mathbf{R} \subset \mathbf{A} \bigcap \mathbf{R}$. 于是 $\mathbf{A} \bigcap \mathbf{R}$ 是可数的,即分布在实数轴上的代数数是可数的. 其次,因为 $\mathbf{R}$ 是不可数的,所以 $\mathbf{R} - \mathbf{A} \bigcap \mathbf{R} \neq \varnothing$,也即 $\mathbf{R}$ 上存在不是代数数的数,它们就是超越数了. 它们不是任何有理系数的多项式的根!

上面的证明是基于集合论之父德国数学家康托尔(Georg Cantor, 1845—1918)在 1874 年作出的证明,不过当时的数学界对此有很大的怀疑. 1844 年,刘维尔构造了([6] p20)

$$\xi = \sum_{n=1}^{\infty} 10^{-n!} \tag{15.2}$$

并证明了它是一个超越数. 直到 1873 年,法国数学家埃尔米特(Charles Hermite, 1822—1901)才证明了自然对数的底数 e(参见 §4.3),这个"自然出现

的数"是超越数. 1882 年, 德国数学家林德曼(Carl Louis Ferdinand von Lindemann, 1852—1939)证明了圆周率 π 也是超越数([10] p86).

§15.4　代数扩域

定义 15.4.1　设 E/F 是扩域, 如果 E 中的每一个元在 F 上都是代数的, 则称 E 是 F 的一个代数扩域.

设 E/F 是一个 n 次有限扩域, 于是 $[E:F]=n$. 此时对任意 $\alpha\in E$, $n+1$ 个向量 $1, \alpha, \alpha^2, \cdots, \alpha^n$ 必定是线性相关的([4] p44, [6] p116), 因此存在不完全为零的 $a_0, a_1, \cdots, a_n\in F$, 使得 $\sum_{i=0}^{n}a_i\alpha^i=0$, 即 α 是 $F[x]$ 中非零多项式 $f(x)=\sum_{i=0}^{n}a_ix^i$ 的根, 从而 α 在 F 上是代数的. 这就有

定理 15.4.1　域 F 的有限扩域 E 是 F 的一个代数扩域.

对于域列 $K\supset E\supset F$, 如果 E/F 和 K/E 都是有限扩域, 于是由定理 14.2.1 和定理 15.4.1 可知 K 是 F 的代数扩域. 有限扩域一定是代数扩域, 那么反过来, 代数扩域是否一定是有限扩域呢?(参见§16.6)

第十六章

单代数扩域

§16.1 最小多项式

设 E/F 是扩域，且 $\alpha \in E$ 在 F 上是代数的，于是存在 $f(x) \in F[x]$，而 $f(\alpha) = 0$. 当然满足这一条件的多项式是无限多的. 例如 $(3x^2 - 3)f(x)$ 也具有这一性质. 于是我们在这众多的多项式中，选取首 1 的，且次数最低的一个. 不难理解满足这两个条件的多项式在 F 上一定是不可约的，且是唯一的，把它称为 α 在 F 上的最小多项式([8] p44).

例如，对于 $\mathbf{R}/\mathbf{Q}$，由 $a, b \in \mathbf{Q}$, $a, b \neq 0$ 给出的 $a + b\sqrt{2}$ 的最小多项式就是 $(x - a - b\sqrt{2})(x - a + b\sqrt{2}) = x^2 - 2ax + a^2 - 2b^2$；而对 $\mathbf{C}/\mathbf{R}$，由 $a, b \in \mathbf{R}$, $b \neq 0$ 给出 $a + bi$ 的最小多项式就是 $(x - a - bi)(x - a + bi) = x^2 - 2ax + a^2 + b^2$. $a \pm b\sqrt{2}$ 以及 $a \pm bi$ 必须成对地出现，这使我们引入

定义 16.1.1 设 E/F 是扩域，α_1, $\alpha_2 \in E$ 在 F 上是代数的，且在 F 上有相同的最小多项式，则称它们（在 F 上）是共轭的.

于是 $a + b\sqrt{2}$ 与 $a - b\sqrt{2}$ 在 $\mathbf{Q}$ 上是共轭的，$a + bi$ 与 $a - bi$ 在 $\mathbf{R}$ 上是共轭的. 不难看出，这里共轭的概念是复共轭概念的推广.

§16.2 单代数扩域

设 E/F 是扩域，且 $\alpha \in E$ 在 F 上是代数的. 考虑 E 中所有既包含 F 又包含 α 的子域. 类似于定理 11.5.3，不难得出它们的交集是 E 的一个子集，且是包含 F 和 α 的最小子集，记作 $F(\alpha)$，称为在 F 上添加 α 得到的单代数扩域.

设 E/F 是扩域，且 $[E : F] = n$. 对于任意 $u \in E$，有 $E \supseteq F(u) \supseteq F$. 于是从推论 14.2.1 可知 $[F(u) : F] \mid n$. $[F(u) : F]$ 称为元 u 在 F 上的次数. 因此任意元 u 的次数应是 n 的一个因数. 例如 $\sqrt{2} \in \mathbf{R}$，在 $\mathbf{Q}$ 上是 2 次的；$i \in \mathbf{C}$ 在 $\mathbf{R}$ 上

也是 2 次的.

由 $F(\alpha)$ 的构成,不难得出 $F(\alpha)$ 中元素应具有的形式.它们是由 F 中的元以及 α 作"材料",用"+"、"−"、"×"、"÷"运算构成的种种可能元素组成.不难看出 $F(\alpha)$ 中的一般元应具有 $\sum\limits_{i=0}^{n} a_i \alpha^i \Big/ \sum\limits_{j=0}^{m} b_j \alpha^j$ 这种形式,其中 a_i, $b_j \in F$, $0 \leqslant i \leqslant n$, $0 \leqslant j \leqslant m$,且 $\sum\limits_{j=0}^{m} b_j \alpha^j \neq 0$. 设 $f(x) = \sum\limits_{i=0}^{n} a_i x^i$, $g(x) = \sum\limits_{j=0}^{m} b_j x^j$,则

$$F(\alpha) = \left\{ \frac{f(\alpha)}{g(\alpha)} \,\middle|\, f(x),\, g(x) \in F[x],\, g(\alpha) \neq 0 \right\}. \tag{16.1}$$

例如,对于 $F = \mathbf{Q}$, $\alpha = \sqrt{2}$,因为 $(\sqrt{2})^2 = 2$, $(\sqrt{2})^3 = 2\sqrt{2}$, $\cdots$,则

$$\mathbf{Q}(\sqrt{2}) = \left\{ \frac{a + b\sqrt{2}}{c + d\sqrt{2}} \,\middle|\, a,\, b,\, c,\, d \in \mathbf{Q},\, c,\, d \text{ 不同时为 } 0 \right\},$$

利用分母有理化,这即是(11.3).

§16.3　单代数扩域的性质

能将 $\mathbf{Q}(\sqrt{2})$ 中的元 $(a_1 + b_1\sqrt{2})(a_2 + b_2\sqrt{2})^{-1}$ 表示为 $(a + b\sqrt{2})$ 的形式,即将"分式"化为"整式",还不只是 $\mathbf{Q}(\sqrt{2})$ 所特有的.例如 $(1 + \sqrt[3]{2} + \sqrt[3]{4})^{-1} = -1 + \sqrt[3]{2}$. 类似地,也能将 $(a_2 + b_2\sqrt[3]{2} + c_2\sqrt[3]{4})^{-1}$ 表示为 $a + b\sqrt[3]{2} + c\sqrt[3]{4}$ 的形式,于是

$$
\begin{aligned}
\mathbf{Q}(\sqrt[3]{2}) &= \left\{ \frac{a_1 + b_1\sqrt[3]{2} + c_1\sqrt[3]{4}}{a_2 + b_2\sqrt[3]{2} + c_2\sqrt[3]{4}} \,\middle|\, a_i,\, b_i,\, c_i \in \mathbf{Q},\, i = 1, 2;\, a_2,\, b_2,\, c_2 \text{ 不同时为 } 0 \right\} \\
&= \{ a + b\sqrt[3]{2} + c\sqrt[3]{4} \mid a,\, b,\, c \in \mathbf{Q} \}.
\end{aligned}
\tag{16.2}
$$

事实上,我们一般有([9] p85).

定理 16.3.1(单代数扩域结构定理)　设 $F(\alpha)$ 是 F 的一个单代数扩域,而 α 在 F 上的最小多项式是 n 次的,那么 $[F(\alpha) : F] = n$,且 1, α, α^2, $\cdots$, α^{n-1} 是 $F(\alpha)$ 在 F 上的一个基.

因此 α 在 F 上是 n 次的,且

$$F(\alpha) = \left\{ \sum_{i=0}^{n-1} a_i \alpha^i \,\middle|\, a_i \in F,\, i = 0, 1, 2, \cdots, n-1 \right\}. \tag{16.3}$$

这一定理同时也给出了计算 $F(\alpha)$ 中元素的乘法的逆元素的一种方法.例

如，令 $(1+\sqrt[3]{2}+\sqrt[3]{4})^{-1}=a+b\sqrt[3]{2}+c\sqrt[3]{4}$，就有 $(a+b\sqrt[3]{2}+c\sqrt[3]{4})(1+\sqrt[3]{2}+\sqrt[3]{4})=1$. 由此能得出 $a+2b+2c=1$，$a+b+2c=0$，$a+b+c=0$. 于是 $a=-1$，$b=1$，$c=0$，最后有 $(1+\sqrt[3]{2}+\sqrt[3]{4})^{-1}=-1+\sqrt[3]{2}$. 上面用到的这一结果就是这样求得的.

例 16.3.1　设 E/F 是扩域，且 $[E:F]=2$. 按 (14.1)，E 中有基 $\{e,d\}$，而且 e，d 中有且只有一个属于 F，不失一般性，令 $e=1$，$d\in E-F$. 因此由 $d^2=a+bd$，$a,b\in F$，可知 $d=\dfrac{b\pm\sqrt{b^2+4a}}{2}$，所以 $E=F(\sqrt{b^2+4a})$，即 E 是 F 上的 2 型纯扩域 (参见 §16.7).

§16.4　添加 2 个代数元的情况

现在我们再在 $F(\alpha)$ 上添加 β，得到 $F(\alpha)(\beta)$. 此时 β 在 $F(\alpha)$ 上应是代数的. 不过，若 $[F(\alpha),F]=n$，$[F(\alpha)(\beta),F(\alpha)]=m$，则从 $[F(\alpha)(\beta),F]=m\cdot n$，可知 $F(\alpha)(\beta)$ 是 F 的有限扩域，也是 F 的代数扩域. 所以 $F(\alpha)(\beta)$ 中的元，尤其是其中的 β，应在 F 上是代数的. 这样，β 原来是在 $F(\alpha)$ 上是代数的，现在证明了它在 F 上也是代数的.

同样，也有 $F(\beta)$ 以及 $F(\beta)(\alpha)$. 由于 $F(\alpha)(\beta)$ 与 $F(\beta)(\alpha)$ 同是包含 F，α，β 的最小域，所以是一样的，记

$$F(\alpha,\beta)=F(\alpha)(\beta)=F(\beta)(\alpha), \tag{16.4}$$

称 $F(\alpha,\beta)$ 为 F 的，添加 F 上代数的 α，β 而得到的扩域. 它当然是有限扩域，因而也是代数扩域. 例如，§14.2 中的 $\mathbf{Q}(\sqrt{2},\sqrt{3})$ 就是由 $\mathbf{Q}$ 添加 $\sqrt{2}$，$\sqrt{3}$ 得到的. 同样，可以考虑在 F 上添加 n 个元素 (它们在 F 上都是代数的) 的情况，而有

$$F(\alpha_1,\alpha_2,\cdots,\alpha_n)=F(\alpha_1)(\alpha_2)\cdots(\alpha_n). \tag{16.5}$$

显然 $F(\alpha_1,\alpha_2,\cdots,\alpha_n)$ 是 F 的有限扩域，因此它是代数扩域. 反过来，设 E 是 F 的有限扩域，且 $[E:F]=n$，而 $\{\alpha_1,\alpha_2,\cdots,\alpha_n\}$ 是 E 在 F 上的一个基. 于是由 $\alpha_1,\alpha_2,\cdots,\alpha_n\in E$ 可推出 $F(\alpha_1,\alpha_2,\cdots,\alpha_n)\subseteq E$. 另一方面，对于任意 $\alpha\in E$，$\alpha=\sum\limits_{i=0}^{n-1}a_i\alpha^i$，所以 $\alpha\in F(\alpha_1,\alpha_2,\cdots,\alpha_n)$，即 $E\subseteq F(\alpha_1,\alpha_2,\cdots,\alpha_n)$. 于是 $E=F(\alpha_1,\alpha_2,\cdots,\alpha_n)$，即 ([9]，p87)

定理 16.4.1　设 F 是域，$\alpha_1,\alpha_2,\cdots,\alpha_n$ 在 F 上是代数的，则 $E=F(\alpha_1,\alpha_2,\cdots,\alpha_n)$ 是 F 的有限扩域. 反过来，设 E 是 F 的 n 次有限扩域，则存在 α_1，

α_2，$\cdots$，α_n，使得 $E = F(\alpha_1，\alpha_2，\cdots，\alpha_n)$，其中 α_i 在 F 上都是代数的.

§16.5　有限个代数元的添加与单扩域

对于 $\mathbf{Q}(\sqrt{2}，\sqrt{3})$，显然有 $\sqrt{2}+\sqrt{3} \in \mathbf{Q}(\sqrt{2}，\sqrt{3})$. 因此 $\mathbf{Q}(\sqrt{2}+\sqrt{3}) \subseteq \mathbf{Q}(\sqrt{2}，\sqrt{3})$. 然后从 $(\sqrt{2}+\sqrt{3})^{-1} = \sqrt{2}-\sqrt{3} \in \mathbf{Q}(\sqrt{2}+\sqrt{3})$，及 $\sqrt{2}+\sqrt{3} \in \mathbf{Q}(\sqrt{2}+\sqrt{3})$，可知 $\sqrt{2}，\sqrt{3} \in \mathbf{Q}(\sqrt{2}+\sqrt{3})$，即 $\mathbf{Q}(\sqrt{2}，\sqrt{3}) \subseteq \mathbf{Q}(\sqrt{2}+\sqrt{3})$. 因此 $\mathbf{Q}(\sqrt{2}，\sqrt{3}) = \mathbf{Q}(\sqrt{2}+\sqrt{3})$，即 $\mathbf{Q}$ 添加 $\sqrt{2}$，$\sqrt{3}$ 等于 $\mathbf{Q}$ 添加 $\sqrt{2}+\sqrt{3}$.

一般地，设 E 是 F 的 n 次扩域，则从定理 16.4.1 有 $E = F(\alpha_1，\alpha_2，\cdots，\alpha_n)$，从而有以下定理（[9] p93）.

定理 16.5.1　域 F 的任意有限扩域 E 都是单代数扩域，也即

$$E = F(\alpha_1，\alpha_2，\cdots，\alpha_n) = F(\alpha)，\alpha \in E. \tag{16.6}$$

§16.6　代数数集 A 是域

要证明代数数集合 $\mathbf{A}$ 是域，且是 $\mathbf{C}$ 的子域，只要证明对任意 $u，v \neq 0 \in \mathbf{A}$，有 $u \pm v，u \cdot v，u \div v \in \mathbf{A}$（定理 11.5.1）. 如果从代数数的定义出发，对任意 $u，v \in \mathbf{A}$ 存在 $f \neq 0，g \neq 0 \in \mathbf{Q}[x]$，有 $f(u) = g(v) = 0$，构造一个新的 $h \neq 0 \in \mathbf{Q}[x]$，使得 $h(u+v) = 0$ 来证明 $u+v \in \mathbf{A}$，这并不是容易的. 现在我们有了代数扩域这一武器：由 $\mathbf{Q}$ 构造 $\mathbf{Q}(u，v)$. 它是一个代数扩域（参见 §16.4）. 于是 $u \pm v，u \cdot v，u \div v$ 都在其中，即 $u \pm v，u \cdot v，u \div v \in \mathbf{A}$. 这样 $\mathbf{A}$ 就是一个域. 定理 15.4.1 告诉我们域 F 的有限扩域 E 一定是 F 的一个代数扩域，那么代数扩域是否一定是有限扩域呢？不一定，例如扩域 $\mathbf{A}/\mathbf{Q}$：我们把 $x^n = 2（n \in \mathbf{N}^*）$ 的实根记为 $\sqrt[n]{2}$. 由此，$\sqrt[n]{2} \in \mathbf{A}$，并构造 $\mathbf{Q}(\sqrt[n]{2})$，它满足 $\mathbf{Q} \subset \mathbf{Q}(\sqrt[n]{2}) \subset \mathbf{A}$. 于是 $[\mathbf{Q}(\sqrt[n]{2})：\mathbf{Q}] = n$，而 n 可为任意正整数，因此 $\mathbf{A}$ 在 $\mathbf{Q}$ 上不是有限维的. 从而一般来说，代数扩域不一定是有限扩域. 但是由 F 得到的 $E = F(\alpha_1，\alpha_2，\cdots，\alpha_n)$，是有限次添加了在 F 上是代数的 $\alpha_1，\alpha_2，\cdots，\alpha_n$ 而构成的，则 E 一定是 F 的有限扩域（参见 §16.4）.

若 $\mathbf{A}$ 是域，则实代数数集合 $\mathbf{A} \bigcap \mathbf{R}$ 也是域. 由于 $\mathbf{Q}$ 中元是代数数，且代数数 $\sqrt{2} \notin \mathbf{Q}$，所以 $\mathbf{Q} \subset \mathbf{A} \bigcap \mathbf{R}$，于是有域列 $\mathbf{Q} \subset \mathbf{A} \bigcap \mathbf{R} \subset \mathbf{R}$. 把那些不是有理数的实代数数如 $\sqrt[n]{2}$（任意 $n \in \mathbf{N}^*$）等，添加到 $\mathbf{Q}$ 中构成了 $\mathbf{A} \bigcap \mathbf{R}$. 于是 $\mathbf{A} \bigcap \mathbf{R}$ 是 $\mathbf{Q}$ 的代数扩域，但不是有限扩域. 把那些实超越元，如 $\pi，e$ 等添加到 $\mathbf{A} \bigcap \mathbf{R}$ 中去就

构成了 $\mathbf{R}$,这是超越扩张,所以 $\mathbf{R}$ 当然不是 $\mathbf{Q}$ 的有限扩域了.此外,由于 $\mathbf{Q}$,$\mathbf{A}$ 可数,且从 $\mathbf{Q} \subset \mathbf{A} \cap \mathbf{R}$ 可得到 $\mathbf{A} \cap \mathbf{R}$ 也是可数的.因此由 $\mathbf{R}$ 不可数可知 $\mathbf{R} - \mathbf{A} \cap \mathbf{R}$ 也是不可数的,即实超越数集合是不可数.这说明实超越数比实代数数要"多",但有趣的是能举出的实超越数的实例却很少.

§16.7　m 型纯扩域与根式塔

作为单代数扩域的一个重要特例,把例 16.3.1 推广,有

定义 16.7.1　称 B/F 为一个(m 型)纯扩域,若 $B = F(d)$,其中 $d \in B$,且 $d^m \in F$,$m \in \mathbf{N}^*$.

也可以把定义中的条件写成 $B = F(d)$,其中 $d \in B$,且 d 是 $x^m - a$ 的一个根,其中 $a \in F$.显然,当 $d \in B - F$ 时,B 就是 F 的一个真扩域,即 $B \subset F$.例如,$\mathbf{Q}(\sqrt{2})$ 就是 $\mathbf{Q}$ 的一个 2 型真纯扩域,$\mathbf{Q}(\sqrt[3]{2})$ 就是 $\mathbf{Q}$ 的一个 3 型真纯扩域.

定义 16.7.2　域列

$$F = F_1 \subseteq F_2 \subseteq \cdots \subseteq F_{r+1}, \tag{16.7}$$

称为 F 上的一个根式塔,每一个 F_{i+1}/F_i,$i = 1, 2, \cdots, r$ 都是一个纯扩域.

例 16.7.1　定义 16.7.2 的一个重要特殊情况:$F = \mathbf{Q}$,$F_i = \mathbf{Q}_i$,且每一个 $\mathbf{Q}_{i+1}/\mathbf{Q}_i$ 都是一个 2 型纯扩域,即 $\mathbf{Q}_{i+1} = \mathbf{Q}_i(\sqrt{a_i})$,这里 $a_i \in \mathbf{Q}_i$,且 $a_i > 0$.此时可设 $\sqrt{a_i} \notin \mathbf{Q}_i$,否则 $\mathbf{Q}_{i+1} = \mathbf{Q}_i$,即没有真扩域.而 $\sqrt{a_i}$ 满足的最小多项式为 $x^2 - a_i$,所以 $[\mathbf{Q}_{i+1}, \mathbf{Q}_i] = 2$,$i = 1, 2, \cdots, r$,因此 $[\mathbf{Q}_{r+1} : \mathbf{Q}] = 2^r$.

在上述知识的基础上,下一部分中我们试着去解决曾经困扰人们达 2000 多年的四大数学难题.

第五部分
尺规作图问题

在这一部分中,我们将用域论去解决尺规作图的四大古典数学难题:三等分任意角、立方倍积、化圆为方,以及正 n 边形尺规作图的必要条件.

第十七章

尺规作图概述

§17.1 尺规作图的出发点、操作公理与作图法则

尺规作图是指用圆规和没有刻度的直尺在有限的步骤中作出平面图形. 为此, 先在平面中建立 Oxy 坐标系: 把定点 O 和点 P 之间的距离称为单位长度 1, 过 O, P 作直线为 x 轴, 再用尺规过 O 作直线垂直于 x 轴, 就有了 y 轴. 这样, 尺规作图问题就能与数和方程关联起来了.

在 y 轴上方作出 Q 点, $OQ = 1$. 点 O, P, Q 称为基本可作点. 由它们出发再构建其他的可作点. 为此, 先要有尺规作图的操作公理:

公理一: 过 2 个可作点, 可用直尺作出可作直线, 或可作线段, 如图 17.1.1 中的直线 PQ.

公理二: 以可作点为圆心, 2 个可作点间的距离为半径, 可用圆规作出可作圆, 如图 17.1.1 中的单位圆 O.

公理三: 可作出 2 条相交的可作直线的交点; 可作出可作直线与它相交的可作圆的交点; 可作出 2 个相交的可作圆的交点, 这些交点都是可作点.

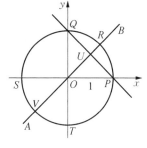

图 17.1.1

由这三条操作公理, 可得出下面三条基本作图法则.

法则一: 由给定可作直线及该直线外一可作点, 则过此点可作一直线与已知直线平行.

法则二: 可作出可作线段的垂直平分线.

法则三: 过不在一根直线上的 3 个可作点的圆是可作的.

例如在图 17.1.1 中可作出 $\angle QOP$ 的角平分线 AB, 因此 AB 是可作直线, 而且图中明示的各交点 U, V, R 都是可作点, 当然 S, T 也是可作点. 为了把可作点与数联系起来, 我们引入

定义 17.1.1 2 个可作点之间的距离, 以及该距离的负值, 称为可作数.

例如 $|QP| = \sqrt{2}$，$|OU| = \dfrac{\sqrt{2}}{2}$，$|UR| = \dfrac{2-\sqrt{2}}{2}$，因此 $\pm\sqrt{2}$，$\pm\dfrac{\sqrt{2}}{2}$，$\pm\dfrac{2-\sqrt{2}}{2}$ 都是可作数.

§17.2　最大可作数域 K

令可作数的全体为 K，于是由上节所知 $1, \sqrt{2}, \cdots \in$ K，且 K $\subseteq$ R. 设 a，$b \in$ K，则由图 17.1.2 可知，$a \pm b$，$a \cdot b$，$a \div b$ $(b \neq 0)$ 都属于 K. 因此，K 是一个域，称为最大可作数域. 由于 Q 是任意数域的子域，所有 Q $\subset$ K，也即有理数都是可作数. 因此可以说，Q 是最小可作数域.

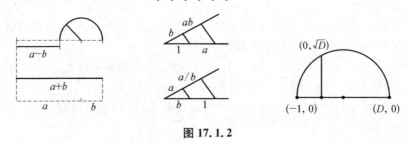

图 17.1.2

若 a，$b \in$ Q，则由基本作图法则可知坐标点 (a, b) 是尺规可作的. 所以平面上已分布了可作点集合 Q$\times$Q $= \{(a, b) \mid a, b \in$ Q$\}$. 于是我们从 Q$\times$Q 出发，用尺规作图来构成其他的可作点和可作数.

§17.3　Q 的可作扩域

过 (x_1, y_1)，$(x_2, y_2) \in$ Q$\times$Q 可作直线，它的方程具有 $ax + by + c = 0$，a，$b \in$ Q 的形式；以 (x_1, y_1) 为圆心，$r \in$ Q 为半径的可作圆具有 $x^2 + y^2 + dx + cy + f = 0$，$d$，$c$，$f \in$ Q 且 $d^2 + c^2 - 4f > 0$ 的形式.

如果有两条可作直线 $a_i x + b_i y + c_i = 0$，$i = 1, 2$，且它们有交点 (x_0, y_0)，则从线性方程组的行列式解法（其中只有用到"+"，"−"，"×"，"÷"运算）可知 $(x_0, y_0) \in$ Q$\times$Q，即这个交点就在 Q$\times$Q 之中. 所以由这样的两条可作直线的交点，并不能得出任何新的可作点，因此也没有任何新的可作数.

下面研究可作直线 $ax + by + c = 0$ 与可作圆 $x^2 + y^2 + dx + cy + f = 0$ 的交点 (x_0, y_0). 由这两个方程消去 y，可得出形式为 $Ax^2 + Bx + C = 0$ 的一个二

次方程,其中 A, B, $C \in \mathbf{Q}$. 它的解 $x_0 = \dfrac{-B \pm \sqrt{B^2 - 4AC}}{2A}$. 假定有交点,即 $x_0 \in \mathbf{R}$,因此 $D = B^2 - 4AC \geqslant 0$. 此时得讨论下列两种情况:(i) 当 $\sqrt{D} \in \mathbf{Q}$ 时,此时 $x_0 \in \mathbf{Q}$,也能同样得出 $y_0 \in \mathbf{Q}$,因此 $(x_0, y_0) \in \mathbf{Q} \times \mathbf{Q}$,即没有得到新的可作点;(ii) 当 $\sqrt{D} \notin \mathbf{Q}$ 时,此时 $x_0, y_0 \in \mathbf{Q}(\sqrt{D})$. 这是一种重要的情况:从 $\mathbf{Q}$ 出发,由尺规作图,得出它的可作扩域 $\mathbf{Q}(\sqrt{D})$. 事实上,由图 17.1.2 可知,若 $D \in \mathbf{Q}$, $D > 0$,则 $\sqrt{D}$ 是尺规可作的.

最后讨论两个可作圆 $x^2 + y^2 + d_i x + c_i y + f_i = 0$, $i = 1, 2$ 相交的情况. 要解这两个联立方程,我们先把它们减一下而有 $(d_1 - d_2)x + (c_1 - c_2)y + (f_1 - f_2) = 0$. 由 $d_1 - d_2$, $c_1 - c_2$, $f_1 - f_2 \in \mathbf{Q}$ 不难证明这个方程所表示的直线是可作直线. 于是把它与上述一个圆的方程联立,也就归结到前面讨论过的可作直线与可作圆相交的情况. 所以,不会有任何新的结论.

综上所言,从 $\mathbf{Q} = \mathbf{Q}_1$ 出发,由尺规作图,有了新的可作扩域 $\mathbf{Q}_2 = \mathbf{Q}_1(\sqrt{a_1})$,其中 $a_1 \in \mathbf{Q}$, $a_1 > 0$,且 $\sqrt{a_1} \notin \mathbf{Q}$. 类似地,从 $\mathbf{Q}_2$ 出发,又有新的可作域 $\mathbf{Q}_3 = \mathbf{Q}_2(\sqrt{a_2})$,其中 $a_2 \in \mathbf{Q}_2$, $a_2 > 0$,且 $\sqrt{a_2} \notin \mathbf{Q}_2$,以此类推. 这就有了例 16.7.1 所示的情况——尺规作图的数学框架.

设数 k 是尺规可作的,那么它与这一框架的关系是很明显的:

定理 17.3.1 设 $k \in \mathbf{K}$,即 k 是尺规可作的,当且仅当存在下列有限个域构成的一个根式塔:

$\mathbf{Q} = \mathbf{Q}_1 \subset \mathbf{Q}_2 \subset \cdots \subset \mathbf{Q}_{r+1}$,其中 $\mathbf{Q}_{r+1} \subset \mathbf{R}$,且 $k \in \mathbf{Q}_{r+1}$,这里每一个扩域 $\mathbf{Q}_{i+1}/\mathbf{Q}_i$ 都是一个 2 型纯扩域,即 $\mathbf{Q}_{i+1} = \mathbf{Q}_i(\sqrt{a_i})$, $a_i \in \mathbf{Q}_i$, $a_i > 0$,且 $\sqrt{a_i} \notin \mathbf{Q}_i$, $1 \leqslant i \leqslant r$. 因此有 $[\mathbf{Q}_{r+1} : \mathbf{Q}] = 2^r$.

因此,从单位长度 1 出发,长度 k 是尺规可作的,它的充要条件是 k 可以从 1 通过有限步骤的加、减、乘、除以及开平方运算得到. 那么有没有不可作数呢?

第十八章

尺规不可作问题

§18.1 存在不可作数

多年来,人们一直企图用尺规作图去解决任意角的三等分、倍立方,以及化圆为方,但一直没有成功,这表明了一定有不可作数.首先,由定理 17.3.1 可知 $\mathbf{Q}_{r+1}/\mathbf{Q}$ 是有限扩域,因此它一定是代数扩域.所以 $\mathbf{Q}_{r+1}$ 中的数都是代数数.由此可见:超越数一定是不可作的.那么代数数是否是一定可作的呢?

定理 18.1.1 设三次多项式 $f(x) = ax^3 + bx^2 + cx + d \in \mathbf{Q}[x]$ 没有有理根,那么它的 3 个根都是不可作数.

我们用反证法来证明这一定理,即假设这 3 个根 x_1,x_2,x_3 都不是有理数,即 x_1,x_2,$x_3 \notin \mathbf{Q}$,但是其中确实有可作数.那么按定理 17.3.1,这些可作数根必定在根式塔 $\mathbf{Q} = \mathbf{Q}_1 \subset \mathbf{Q}_2 \subset \cdots \subset \mathbf{Q}_{r+1}$ 之中.把那个属于 $\mathbf{Q}_{r+1}$ 的最小子域 $\mathbf{Q}_l$($\supset \mathbf{Q}_1$)的根记作 x_1,即 $x_1 \in \mathbf{Q}_l$,$x_1 \notin \mathbf{Q}_{l-1}$,而其他可作数根,若有的话当属于 $\mathbf{Q}_{l+j}$,$j = 0, 1, \cdots, r+1-l$.由 $\mathbf{Q}_l$ 的构成,可知 $x_1 = p + q\sqrt{a_{l-1}}$,其中 p,q,$a_{l-1} \in \mathbf{Q}_{l-1}$,且 $\sqrt{a_{l-1}} \notin \mathbf{Q}_{l-1}$,$\sqrt{a_{l-1}} \in \mathbf{Q}_l$.由 $f(x) \in \mathbf{Q}[x]$,则 $f(x) \in \mathbf{Q}_{l-1}[x]$,于是由定理 13.3.2 可知,$f(x)$ 除了根 x_1 外,还有根 $x_2 = p - q\sqrt{a_{l-1}}$.再由定理 13.3.1 可知,$f(x)$ 的第 3 个根 $x_3 = -\dfrac{b}{a} - (x_1 + x_2) = -\dfrac{b}{a} - 2p$.又由于 a、$b \in \mathbf{Q}$,$p \in \mathbf{Q}_{l-1}$,所以 $x_3 \in \mathbf{Q}_{l-1}$.另外,由 $\mathbf{Q}_{l-1} \subset \mathbf{Q}_{r+1}$ 可知 x_3 也是可作的.这与 x_1 属于最小子域 $\mathbf{Q}_l$ 矛盾.

例 18.1.1 设三次方程 $x^3 - 2 = 0$ 的实根为 $\sqrt[3]{2}$,于是它的另外 2 个根为 $\sqrt[3]{2}\omega$ 和 $\sqrt[3]{2}\omega^2$,因此它没有有理根.由定理 18.1.1 可推出 $\sqrt[3]{2} \in \mathbf{R}$ 是不可作数.

例 18.1.2 因为 $8x^3 - 6x - 1 = 0$ 无有理根(例 13.3.1),因此由定理 18.1.1 可知它的 3 个根都是不可作数.

§18.2　立方倍积、三等分任意角与化圆为方

1. 立方倍积问题：给定一个立方体，要求作出一个立方体，使它的体积是前者的 2 倍.

设给定的立方体的边长为单位 1，于是要用尺规作出后者的边长 x，使得 $x^3 = 2$，即求解 $x^3 - 2 = 0$. 由例 18.1.1 可知 $\sqrt[3]{2}$ 是不可作数，因此立方倍积问题不能用尺规作图作出.

2. 三等分任意角问题：给定任意角，要用尺规将它三等分.

例如，在图 18.2.1 中，设 $OA = OB = 1$，$\angle AOB = 60°$. 于是三等分 60° 就相当于作出 P 点，使 $\angle POA = 20°$，或者作出 Q 点，使 $OQ = \cos 20°$.

由三角学中的三倍角公式 $\cos 3\theta = 4\cos^3\theta - 3\cos\theta$，令 $\theta = 20°$，且 $x = \cos 20°$，则 $8x^3 - 6x - 1 = 0$，而例 18.1.2 已表明这个方程的根都是不可作数，因此 60° 是不能用尺规 3 等分的，从而三等分任意角不能用尺规作出.

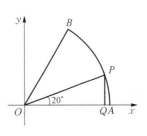

图 18.2.1

3. 化圆为方问题：给定一个圆，求一个正方形，使两者的面积相等.

设已知圆的半径为 1，要用尺规作出正方形的边长 x，使得 $x^2 = \pi$. π 是个超越数. 因此不难证明 $\sqrt{\pi}$ 也是一个超越数，因此 $x = \sqrt{\pi}$ 是一个不可作数. 所以，化圆为方的问题也不能用尺规作图求出.

第十九章

正 n 边形的尺规作图

§19.1 把正 n 边形的可作性归结为一些简单的情况

古希腊人已经会用尺规作出正 n 边形, $n = 3$, 4, 5, 6, 8, 10, 12, 15, 16 等, 然而却无法作出 $n = 7, 9, 11$ 等. 为何有些正 n 边形可作出, 而有些正 n 边形却不可作出呢? 这里有什么规律?

作正 n 边形相当于在图 19.1.1 所示的单位圆上作出均匀分布的 n 个点 A_0, A_1, $\cdots$, A_{n-1} (参见 §7.2), 或作出 $\angle A_0 O A_1 = 360°/n = \theta_n$. 对于 $n = 1$, 这是浅显的. $n = 2$ 时, 共有 2 个点 A_0, A_1, 可以认为它是一个正 2 边形, 这当然是可作的. 假定能作出 θ_n, 这相当于作出 $\cos\theta_n = OC$, 及 (或) $\sin\theta_n = CA_1$. 此时对任意 $k \in \mathbf{Z}$, 由三角学中的倍角公式可知 $\cos(k\theta_n)$ 和 $\sin(k\theta_n)$ 都可作了. 再者, 若 $\cos\theta_n$ 和

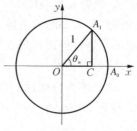

图 19.1.1

$\cos\theta_m$ 可作, 那么由和差角公式和倍角公式可知, 对任意 r, $s \in \mathbf{Z}$, $\cos(r\theta_n + s\theta_m)$ 就可作了.

现对 m, $n \in \mathbf{N}^*$, 假定正 mn 边形可作, 则 θ_{mn} 和 $\cos\theta_{mn}$ 都可作. 由于 $\theta_n = m\theta_{mn}$ 和 $\theta_m = n\theta_{mn}$, 因此 $\cos\theta_n$ 和 $\cos\theta_m$ 都可作, 即正 n 边形和正 m 边形都可作. 例如 $12 = 2\times 6 = 3\times 4$, 则由正 12 边形可作, 可推知正 2, 3, 4, 6 边形都可作.

反过来, 若正 n 和正 m 边形都可作, 那么正 mn 边形是否一定可作? 举例来看一下: 正 3 边形可作, 但正 $3\times 3 = 9$ 边形却不可作! 不过如果附加 $(m, n) = 1$, 即 m, n 互素这一条件, 则正 mn 边形是可作的. 这是因为此时存在 r, $s \in \mathbf{Z}$, 满足 $rm + sn = 1$ (参见附录 1, 定理 1.1). 于是 $r\theta_n + s\theta_m = \theta_{mn}$, 所以 $\cos\theta_{mn}$ 就可作了. 例如, 从正 3 边形和正 5 边形可作就能推出正 15 边形可作.

有了这些准备后,我们就来研究:设正 n 边形可以尺规作图,那么正整数 n 必须满足什么条件. 为此,我们按定理 9.6.1 写出 $n = p_1^{\nu_1} \cdot p_2^{\nu_2} \cdot \cdots \cdot p_s^{\nu_s}$,这里 p_1, p_2, $\cdots$, p_s 是素数,且 ν_1, ν_2, $\cdots$, $\nu_s \in \mathbf{N}^*$. 于是根据上述,对正 n 边形可作性的研究归结为对这些正 $p_j^{\nu_j}$ 边形可作性的研究,或者等价地,对 n 满足的必要条件的研究归结为对这些 p_j, ν_j, $j = 1, 2, \cdots, s$ 应满足什么条件的研究.

§19.2　有关 $p_j^{\nu_j}$ 边形的两个域列

为了使符号简单一些,我们令 $q = p_j^{\nu_j}$,即讨论正 q 边形的可作性问题. 首先由上节可知,正 q 边形可作的充要条件是 $\cos\theta_q$ 可作,而 $\cos\theta_q$ 可作的充要条件是 $\cos\theta_q \in \mathbf{Q}_{r+1}$ (定理 17.3.1). 构造 $\mathbf{Q}$ 的扩域 $\mathbf{Q}(\cos\theta_q)$,于是有下列第一域列

$$\mathbf{Q} \subseteq \mathbf{Q}(\cos\theta_q) \subseteq \mathbf{Q}_{r+1}. \tag{19.1}$$

由此有 $[\mathbf{Q}_{r+1} : \mathbf{Q}] = [\mathbf{Q}_{r+1} : \mathbf{Q}(\cos\theta_q)] \cdot [\mathbf{Q}(\cos\theta_q) : \mathbf{Q}] = 2^r$. 于是 $[\mathbf{Q}(\cos\theta_q) : \mathbf{Q}]$ 应是 2^r 的一个因子,设它为 2^s, $s \in \mathbf{N}$,即

$$[\mathbf{Q}(\cos\theta_q) : \mathbf{Q}] = 2^s. \tag{19.2}$$

另外,对于这个 q,我们有 q 次分圆方程 $x^q - 1 = 0$(参见 §7.2). 它的根为 1, ζ_q, $\cdots$, ζ_q^{q-1}. 这里为了明确起见,加了下标 q. 现在构造 $\mathbf{Q}$ 的扩域 $\mathbf{Q}(\zeta_q)$,称为 $\mathbf{Q}$ 的 q 次分圆扩域.

由于 $\zeta_q = \cos\theta_q + \mathrm{i}\sin\theta_q$, $\zeta_q^{-1} = \cos\theta_q - \mathrm{i}\sin\theta_q$,则有

$$\zeta_q + \zeta_q^{-1} = 2\cos\theta_q. \tag{19.3}$$

因此 $\cos\theta_q \in \mathbf{Q}(\zeta_q)$,从而有第二域列

$$\mathbf{Q} \subset \mathbf{Q}(\cos\theta_q) \subset \mathbf{Q}(\zeta_q). \tag{19.4}$$

由此有

$$[\mathbf{Q}(\zeta_q) : \mathbf{Q}] = [\mathbf{Q}(\zeta_q) : \mathbf{Q}(\cos\theta_q)] \cdot [\mathbf{Q}(\cos\theta_q) : \mathbf{Q}]. \tag{19.5}$$

注意到 $\zeta_q \cdot \zeta_q^{-1} = 1$,于是由 (19.3) 可知 ζ_q 和 ζ_q^{-1} 应是二次方程 $x^2 - 2\cos\theta_q \cdot x + 1 = 0$ 的 2 个根. 这个方程的系数 $-2\cos\theta_q \in \mathbf{Q}(\cos\theta_q)$,因此它是 $\mathbf{Q}(\cos\theta_q)$ 上的一个二次方程. 如果此时 $\sqrt{D} = \sqrt{4\cos^2\theta_q - 4} \in \mathbf{Q}(\cos\theta_q)(\subset \mathbf{R})$,且 $\cos\theta_q = 1$,即 $\zeta_q = 1$,则当且仅当 $q = 1$ 时,才会出现 $\theta_1 = 360°$ 或 $0°$ 的这一情况,所以 $\mathbf{Q}(\zeta_1) = \mathbf{Q}(\cos 0°) = \mathbf{Q}$;若 $\cos\theta_q = -1$,即 $\zeta_q = -1$,当且仅当 $q = 2$(即正 2 边

形时),才会出现 $\theta_2 = 180°$ 的这一情况,所以 $\mathbf{Q}(\zeta_2) = \mathbf{Q}(\cos 180°) = \mathbf{Q}$. 如果此时 $\sqrt{D} \notin \mathbf{Q}(\cos\theta_q)$,而 $D = 4\cos^2\theta_q - 4 \in \mathbf{Q}(\cos\theta_q)$,则此时有 2 型纯扩域情况 (参见 §16.7),于是 $[\mathbf{Q}(\zeta_q) : \mathbf{Q}(\cos\theta_q)] = 2$ (参见 §27.5). 所以,不管是哪一种情况,我们都有

$$[\mathbf{Q}(\zeta_q) : \mathbf{Q}(\cos\theta_q)] = 2^t, \ t = 0,\ 1. \tag{19.6}$$

于是,在(19.5)中考虑到(19.2)和(19.6)便有

$$[\mathbf{Q}(\zeta_q) : \mathbf{Q}] = 2^{s+t}. \tag{19.7}$$

如果我们能把(19.7)的左边与 q 联系起来,则此式将给出对 q 的一个约束条件.

§19.3 分圆多项式

由于 ζ_q 是 $x^{q-1} + \cdots + x + 1 = 0$ 的根,因此 ζ_q 是代数数. 于是按定理 16.3.1, $[\mathbf{Q}(\zeta_q) : \mathbf{Q}]$ 应等于 ζ_q 在 $\mathbf{Q}$ 上的最小多项式的次数. 一般来说, $x^{q-1} + \cdots + x + 1$ 并不是 ζ_q 在 $\mathbf{Q}$ 上的最小多项式. 例如 $q = 3^2$ 时,由例 13.2.2 可知 $x^8 + \cdots + x + 1$ 在 $\mathbf{Q}$ 上是可约的. 为此,对一般的 n,要用 $x^n - 1$ 的根 $1, \zeta, \cdots, \zeta^{n-1}$ 来求出 ζ 在 $\mathbf{Q}$ 上的最小多项式,记为 $\varPhi_n(x)$,称为 n 次分圆多项式.

当 $n = 1$ 时,显然 $x - 1$ 就是 $\varPhi_1(x)$;当 $n = 2$ 时, $x^2 - 1 = (x-1)(x+1)$,此时 $\zeta = -1$,故 $\varPhi_2(x) = x + 1$,且有 $x^2 - 1 = \varPhi_1(x) \cdot \varPhi_2(x)$;当 $n = 3$ 时, $x^3 - 1 = (x-1)(x-\omega)(x-\omega^2)$,此时 $\zeta = \omega$,故 $\varPhi_3(x) = (x-\omega)(x-\omega^2) = x^2 + x + 1$,且 $x^3 - 1 = \varPhi_1(x) \cdot \varPhi_3(x)$;当 $n = 4$ 时, $x^4 - 1 = (x-1)(x+1)(x-i)(x+i)$,此时 $\zeta = i$,故 $\varPhi_4(x) = (x-i)(x+i) = x^2 + 1$,且 $x^4 - 1 = \varPhi_1(x) \cdot \varPhi_2(x) \cdot \varPhi_4(x)$. 分析一下,当 $n = 3$ 时, ω, ω^2 是全部 3 次本原根,当 $n = 4$ 时, $\pm i$ 是全部 4 次本原根,我们不难由此推测 $\varPhi_n(x)$ 的构成. 由于 $x^n - 1$ 的本原根共有 $\varphi(n)$ 个,若记为 $\zeta_1, \zeta_2, \cdots, \zeta_{\varphi(n)}$,则可证明([8] p134)

定理 19.3.1

$$\varPhi_n(x) = (x-\zeta_1)(x-\zeta_2)\cdots(x-\zeta_{\varphi(n)}), \ 且 \ x^n - 1 = \prod_{d \mid n} \varPhi_d(x) \tag{19.8}$$

(19.8)中的 $\prod$ 是连乘符号,下标 $d \mid n$ 表示,对 $\varPhi_d(x)$ 连乘时, d 取遍 n 的所有因子. 例如 $n = 6$ 时, $\varphi(6) = 2$ (参见 §9.6),本原根为 $\zeta = \cos\dfrac{2\pi}{6} + i\sin\dfrac{2\pi}{6}$,及

$\zeta^5 = \cos\dfrac{10\pi}{6} + \mathrm{i}\sin\dfrac{10\pi}{6} = \cos\dfrac{2\pi}{6} - \mathrm{i}\sin\dfrac{2\pi}{6}$，于是 $\Phi_6(x) = (x-\zeta)(x-\zeta^5)$ $= x^2 - x + 1$. 也可以用

$$x^6 - 1 = \Phi_1(x) \cdot \Phi_2(x) \cdot \Phi_3(x) \cdot \Phi_6(x)$$

求得 $\Phi_6(x) = (x^6-1)/(x-1)(x+1)(x^2+x+1) = x^2-x+1$. 由定理 19.3.1 可知，$\Phi_n(x)$ 是 $\varphi(n)$ 次的，而在 $n=p$ 素数时，因为 ζ，ζ^2，$\cdots$，ζ^{p-1} 都是本原根（参见 §10.6），所以 $\Phi_p(x) = x^{p-1} + \cdots + x + 1$.

§19.4　数 $p_j^{\nu_j}$ 应满足的必要条件

由于 $[\mathbf{Q}(\zeta_q):\mathbf{Q}] = \varphi(q)$，而 $q = p_j^{\nu_j}$，所以根据定理 9.6.2 及 (19.7)，就有

$$\varphi(q) = \varphi(p_j^{\nu_j}) = p_j^{\nu_j-1}(p_j - 1) = 2^{t+s}. \tag{19.9}$$

因此 $p_j^{\nu_j-1}(p_j-1)$ 是 2 的一个幂. 而 p_j 是素数，于是只有下列两种可能性：(i) $p_j = 2$，此时 $\nu_j \in \mathbf{N}^*$，(ii) $p_j \neq 2$，此时 $\nu_j = 1$，且 (p_j-1) 必须是 2 的一个幂，记作 $p_j - 1 = 2^{r_j}$，$r_j \in \mathbf{N}^*$. 因此就有

定理 19.4.1　正 n 边形可尺规作图的必要条件是 n 满足 $n = 2^r p_1\cdots p_s$，其中 r，$s \in \mathbf{N}$，p_j 是一个奇素数（即 2 以外的素数），且具有 $2^{r_j}+1$，$r_j \in \mathbf{N}^*$，$j = 1$，2，$\cdots$，s 的形式.

§19.5　对具有 $p = 2^m + 1$ 形式的奇素数的讨论

显然不是对任意 m，$p = 2^m+1$ 都是一个奇素数的，例如，当 $m=3$ 时，$p=9$ 就是一个合数. 那么 m 应满足什么条件 2^m+1 才有可能是一个奇素数呢？如果 m 有奇数因数的话，即 $m = u \cdot v$，其中 v 是奇数，那么从 $p = 2^m+1 = 2^{uv}+1 = (2^u+1)[2^{u(v-1)} - 2^{u(v-2)} + \cdots - 2^u + 1]$，得出 p 是合数. 因此 m 不能有奇数因数，只能是 2 的一个幂，即 $m = 2^r$. 因而 $p = 2^{2^r}+1$. 据此，可以把定理 19.4.1更精确地表达为

定理 19.5.1　正 n 边形可尺规作图的必要条件是 $n = 2^r p_1\cdots p_s$，其中 r，$s \in \mathbf{N}$，p_j 是具有 $p_j = 2^{2^{r_j}}+1$ 形式的一个奇素数，其中 $r_j \in \mathbf{N}$，$j = 1$，2，$\cdots$，s.

§19.6　费　马　数

具有 $p_n = 2^{2^n} + 1$ 形式的奇数是否都是素数呢？历史上把具有这一形式的数称为第 n 个费马数，记作 $F_n = p_n$. 这是因为法国数学家费马（Pierre de Fermat, 1601—1665）在 1640 年注意到 $F_0 = 3$，$F_1 = 5$，$F_2 = 17$，$F_3 = 257$，$F_4 = 65537$ 都是素数，从而提出猜想：对于任意 $n \in \mathbf{N}$，F_n 都是素数. 然而，1732 年欧拉证明了 $F_5 = 2^{32} + 1$ 有因子 641. 因此 F_5 是一个合数. 欧拉的论证如下：

$$F_5 = 2^{32} + 1 = 2^{28}(5^4 + 2^4) - (5 \cdot 2^7)^4 + 1 = 2^{28} \cdot 641 - (640^4 - 1)$$
$$= 641[2^{28} - 639(640^2 + 1)]. \tag{19.10}$$

古希腊人早就用尺规作出了正 $F_0 = 3$ 和正 $F_1 = 5$ 边形. 1796 年，18 岁的高斯证明了正 $F_2 = 17$ 边形是可尺规作图的（参见 §27.4 和 §27.5）. 这是自欧几里得（Euclid，公元前 325？—公元前 270？）2000 多年来的第一次大突破. 1832 年德国数学家里歇洛特（Friedrich Julius Richelot, 1808—1875）作出了正 257 边形，其后德国数学家赫尔梅斯（Johann Gustav Hermes, 1846—1912）花了十多年的时间，在 1894 年作出了 65537 边形. 他的手稿至今还保存于哥廷根大学的图书馆里. 这个纪录看来多半是不会再打破了，因为人们已经证明在小于 10^{40000} 的正整数中，尽管有许多素数，但只有 F_i，$i = 0, 1, 2, 3, 4$ 这 5 个素数具有 $2^{2^n} + 1$ 的形式.

例 19.6.1　因为 7，11 和 13 都不是费马数，所以正 7，11 和 13 边形都不能尺规作图.

§19.7　作出正 n 边形的"充要条件"

既然 3，5，17，257，65537 这 5 个正多边形已经作出了. 那么按照 §19.1 的叙述，就有

定理 19.7.1　在小于 10^{40000} 的素数条件下，正 n 边形可尺规作图的充要条件是 $n = 2^r F_0^{k_0} F_1^{k_1} F_2^{k_2} F_3^{k_3} F_4^{k_4}$，其中 $r \in \mathbf{N}$，$k_i = 0, 1$，$0 \leqslant i \leqslant 4$.

要按照近代的处理方法去证明定理 19.4.1 的必要条件也是充分条件，我们需要更精美的理论——伽罗瓦理论. 这将在第二十七章中论述.

例 19.7.1　由定理 19.7.1 知正 9 边形不能尺规作图. 这表明 $40°$ 不能尺规作图，或者 $120°$ 不能用尺规三等分.

第六部分
两类重要的群与一类重要的扩域

本部分论述伽罗瓦理论中要用到的两类重要的群——对称群和可解群以及一类重要的扩域——正规扩域.

第二十章

对 称 群 S_n

§20.1 循 环 与 对 换

在 §10.3 中,我们定义了对称群 S_n:它是 n 个数字 1, 2, $\cdots$, n 的全体置换,对置换的乘法,构成的一个 $n!$ 阶群.为了讨论的方便,我们引入一些新的符号和术语.

例如,对于 S_4 而言,我们用循环记号(124)表示 1→2→4→1,而其他数字(这里是 3)都不变的置换;(3)表示 3→3,而其他数字(这里是 1, 2, 4)都不变的置换.利用这种记号,以及 S_n 中元素的乘法(参见 §10.3),对于 $\begin{pmatrix} 1 & 2 & 3 & 4 \\ 2 & 4 & 3 & 1 \end{pmatrix} \in S_4$,就有

$$\begin{pmatrix} 1 & 2 & 3 & 4 \\ 2 & 4 & 3 & 1 \end{pmatrix} = (124)(3) = (124). \tag{20.1}$$

其中(3)是 1(个数字的)循环.显然 $(1) = (2) = (3) = (4) = \begin{pmatrix} 1 & 2 & 3 & 4 \\ 1 & 2 & 3 & 4 \end{pmatrix}$,即它们都是 S_4 中的恒等元,所以在(20.1)的最后一个表达式中,(3)也就省略不写了.2 个数字的循环,称为 2 循环,又称对换.如循环记号(12)就表示 1→2→1,而其他数字都不变.循环记号(124)则是一个 3 循环.

今后,我们把 S_n 中的单位元 $\begin{pmatrix} 1 & 2 & 3 & \cdots & n \\ 1 & 2 & 3 & \cdots & n \end{pmatrix}$ 记为 $\langle 1 \rangle$, $n \in \mathbf{N}^*$,即 $\langle 1 \rangle = (1) = (2) = \cdots = (n) = (1)(2)\cdots(n)$.利用这些概念就能把 S_n 中的元较简洁地表示出来,例如对(4.9)定义的 S_3 就有

$$g_1 = \begin{pmatrix} 1 & 2 & 3 \\ 1 & 2 & 3 \end{pmatrix} = (1)(2)(3) = \langle 1 \rangle, \quad g_2 = \begin{pmatrix} 1 & 2 & 3 \\ 1 & 3 & 2 \end{pmatrix} = (23)(1),$$

$$g_3 = \begin{pmatrix} 1 & 2 & 3 \\ 3 & 2 & 1 \end{pmatrix} = (13)(2), \quad g_4 = \begin{pmatrix} 1 & 2 & 3 \\ 2 & 1 & 3 \end{pmatrix} = (12)(3),$$

$$g_5 = \begin{pmatrix} 1 & 2 & 3 \\ 2 & 3 & 1 \end{pmatrix} = (123), \quad g_6 = \begin{pmatrix} 1 & 2 & 3 \\ 3 & 1 & 2 \end{pmatrix} = (132), \tag{20.2}$$

即 S_3 中的元都是可以表示为若干没有相同数字的循环的乘积. 显然对于 S_n 中的元也有同样的结论(参见定理 20.3.1).

例 20.1.1 $\begin{pmatrix} 1 & 2 & 3 & 4 & 5 & 6 & 7 \\ 4 & 1 & 7 & 5 & 2 & 6 & 3 \end{pmatrix} = (1452)(37)(6) = (1452)(37).$

用了这种符号, 置换的乘积也容易得出, 如 $a = (2465)$, $b = (1234) \in S_6$, 则从 $1 \xrightarrow{a} 1 \xrightarrow{b} 2$; $2 \xrightarrow{a} 4 \xrightarrow{b} 1$; $3 \xrightarrow{a} 3 \xrightarrow{b} 4$; $4 \xrightarrow{a} 6 \xrightarrow{b} 6$; $5 \xrightarrow{a} 2 \xrightarrow{b} 3$; $6 \xrightarrow{a} 5 \xrightarrow{b} 5$, 就有

$$b \cdot a = (1234)(2465) = (12)(3465). \tag{20.3}$$

例 20.1.2 沿用 §6.4 及例 10.4.1 的记号 $H = \{e, h_1, h_2, h_3, h_4\}$, 其中

$$h_1 = \begin{pmatrix} 1 & 2 & 3 & 4 & 5 \\ 5 & 1 & 2 & 3 & 4 \end{pmatrix} = (15432),$$

则有 $H = \langle (15432) \rangle$. 因此 $H \angle S_5$.

§20.2　置换的奇偶性

我们还是从一个例子开始. 对于 $n = 3$, 我们定义

$$P_3 = (x_1 - x_2)(x_1 - x_3)(x_2 - x_3), \tag{20.4}$$

引入 S_3 对 P_3 的作用 "∘", 例如对于 $(132) \in S_3$, 由 $x_1 \to x_3$, $x_3 \to x_2$, $x_2 \to x_1$, 有 $(132) \circ P_3 = (x_3 - x_1)(x_3 - x_2)(x_1 - x_2) = P_3$. 因此, 不难得出 S_3 中的 $\langle 1 \rangle$, (123), (132) 对 P_3 的作用结果仍是 P_3, 而 (23), (13), (12) 对 P_3 的作用结果则为 $-P_3$. 我们把前者称为偶置换, 而后者称为奇置换.

对于一般的 n 也有同样的结果: S_n 中有 $\dfrac{1}{2}n!$ 个偶置换和 $\dfrac{1}{2}n!$ 个奇置换. 当然对换一定是奇置换. 此外, 偶置换与偶置换的乘积为偶置换; 偶置换的逆元仍是偶置换. 因此, 这 $\dfrac{1}{2}n!$ 个偶置换就构成 S_n 的一个子群, 称为 n 次交代群, 记作 A_n. 例如, $A_3 = \{\langle 1 \rangle, (123), (132)\}$.

§20.3 S_n 中元素的对称类与其对换乘积表示

从(20.2)可看出 S_3 中的元可分为 3 类：(i) 元 $\langle 1 \rangle = (1)(2)(3)$，属于 $(a)(b)(c)$ 型，或对称类 $[111]$；(ii) 元 $(23)(1)$，$(13)(2)$，$(12)(3)$，属于 $(ab)(c)$ 型，或对称类 $[21]$；(iii) 元 (123)，(132)，属于 (abc) 型，或对称类 $[3]$. 不难由此推广到 S_n 上去（[2] p130）.

定理 20.3.1 任意 $\sigma \in S_n$ 都可以表示成若干没有相同数字的循环的乘积，因而 σ 一定属于某一对称类 $[\lambda_1, \lambda_2, \cdots, \lambda_n]$，其中 $\lambda_i \in \mathbf{N}$，$i = 1, 2, \cdots, n$，且满足 $\lambda_1 \geqslant \lambda_2 \geqslant \cdots \geqslant \lambda_n$，以及 $\sum\limits_{i=1}^{n} \lambda_n = n$.

例 20.3.1 S_2 的对称类有 $[2]$ 和 $[11]$，可用以英国数学家杨（A. Young, 1873—1940）命名的杨表（[2] p130）分别形象地表示为 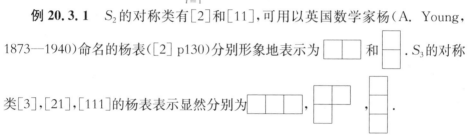 和 . S_3 的对称类 $[3]$，$[21]$，$[111]$ 的杨表表示显然分别为 , , .

属于同一对称类的元素，因为具有同样的循环结构，所以它们作为置换的奇偶性也是一样的.

例 20.3.2 S_5 的对称类中属于偶置换的有 $[5]$，$[311]$，$[221]$，$[11111]$，属于奇置换的有 $[41]$，$[32]$，$[2111]$.

由 $(15234) = (14)(13)(12)(15)$，不难推出 S_n 中的任意循环都可以表示为一些对换的乘积. 于是，从定理 20.3.1 有

定理 20.3.2 任意 $\sigma \in S_n$ 都可以表示为若干对换的乘积（其中数字可能有重复），而且偶置换必表示为偶数个对换的乘积，奇置换必表示为奇数个对换的乘积.

§20.4 交代群 A_n 的性质

首先，对换 (12) 是奇置换，于是由 $S_n = A_n \bigcup (12)A_n$ 可知 $S_n \rhd A_n$（例 10.5.2）. 其次，由 $A_2 = \{\langle 1 \rangle\}$，可知 A_2 可换. 对于 $A_3 = \{\langle 1 \rangle, (123), (132)\}$，因为 $(123)(123) = (132)$，故 A_3 是循环群. 因此 A_3 可换. 而 $(123)(234) \neq$

$(234)(123)$ 可知 A_n，$n > 3$ 时不可换，也不是循环群.

　$A_2 = \{\langle 1 \rangle\}$ 当然是单群. $|A_3| = 3$，它没有真子群了，因此也是单群. A_4 有 12 个元：$[1111]$ 类的 $\langle 1 \rangle$；$[22]$ 类的 $(12)(34)$，$(13)(24)$，$(14)(23)$；$[31]$ 类的 (123)，(132)，(124)，(142)，(134)，(143)，(234)，(243). 令 $V = \{\langle 1 \rangle$，$(12)(34)$，$(13)(24)$，$(14)(23)\}$，称为克莱因四元群. 它是以德国数学家克莱因(C. F. Klein, 1849—1925)命名的一个群，且是一个可换群. 不难证明 $A_4 \triangleright V$. 因此 A_4 不是单群. 在下一节中，我们要证明 A_5 是单群，这是一个重要的结果.

§20.5　A_5 是 单 群

　设 $H \neq \{\langle 1 \rangle\}$ 是 A_5 的一个正规子群，要证明 $H = A_5$. 分成下面各步：

　(i) 对任意 $a \in A_5$，由 $Ha = aH$，可知 $a^{-1}Ha = H$. 于是对任意 $h \in H$，有

$$a^{-1}ha \in H，\quad a^{-1}hah^{-1} \in H. \tag{20.5}$$

　(ii) A_5 中元的对称类，按例 20.3.2，只有 $[5]$，$[311]$，$[221]$，$[11111]$. 因为 $H \neq \{\langle 1 \rangle\}$，所以 H 中的非单位元，只可能属于 $[5]$，$[311]$，$[221]$ 类. 要证明 H 中存在 $[311]$ 类的元. 为此只要对 H 中若有 $[5]$ 或 $[221]$ 类的元的情况去证明即可.

　(iii) 若 H 中有 $[5]$ 类的元素，即变动 5 个数字的元. 不失一般性，设它为 $h = (12345)$. 此时取 $a = (234) \in A_5$，则由 (20.5) 可得 $(234)^{-1}(12345)(234)(12345)^{-1} = (432)(12345)(234)(54321) = (245) \in H$，它是 $[311]$ 类的.

　(iv) 若 H 中有 $[221]$ 类元素，即变动 4 个数字的元. 不失一般性，设它为 $h = (12)(34)(5)$. 此时取 $a = (125) \in A_5$，则有 $(125)^{-1}(12)(34)(125)[(12)(34)]^{-1} = (125) \in H$，它也是 $[311]$ 类的.

　(v) 若 $H \neq \{\langle 1 \rangle\}$，则 H 中总有 $[311]$ 类元，例如说 $(rst) \in H$. 针对数字 1，2，3，我们定义下列两个置换

$$\begin{pmatrix} 1 & 2 & 3 & 4 & 5 \\ r & s & t & u & v \end{pmatrix}，\begin{pmatrix} 1 & 2 & 3 & 4 & 5 \\ r & s & t & v & u \end{pmatrix}. \tag{20.6}$$

这里 r，s，t，v，u 是 1，2，…，5 的某个排列，其中必有一个是偶置换，因此是 A_5 中元. 不管选其中哪一个作为 a，都有 $a^{-1}(rst)a = (123)$. 当然，选 a 为偶置换，则 $a \in A_5$，于是由 (20.5) 左式可得 $(123) \in H$. 类似地，可以证明 S_5（即 A_5）

中的所有其他 3 循环也都在 H 中.

(vi) 由定理 20.3.2 可知, A_5 中的每个元都可以表示成偶数个对换的乘积. 如果两相邻的对换相等, 则 $(lm)(lm) = \langle 1 \rangle$; 如果它们有一个数字是同样的, 则 $(lm)(lp) = (lpm)$: 一个 3 循环; 如果它们没有数字相同, 则 $(lm)(pq) = (plq)(lmp)$: 2 个 3 循环的乘积. 因此 A_5 可以由 3 循环生成, 于是 $A_5 \subseteq H$. 而 $H \subseteq A_5$, 所以 $H = A_5$, 即 A_5 是单群.

类似地, 可以证明, $n > 5$ 时, A_n 是单群, 只不过此时数字更多一些, 记号就更复杂一些而已.

定理 20.5.1   当 $n \geqslant 5$ 时, n 次交代群 A_n 是单群.

§20.6 可 迁 群

定义 20.6.1 S_n 的子群 H 称为可迁的, 如果对 $\{1, 2, \cdots, n\}$ 中的任意一对元素 (i, j), 存在 $h \in H$, h 把 i 变到 j, 记作 $i \to j$.

例 20.6.1 S_n 显然是可迁的, 因为它包含了 $\{1, 2, \cdots, n\}$ 的所有置换. 由 $(123) \in S_3$ 生成的 S_3 子群 $\langle (123) \rangle = \{\langle 1 \rangle, (123), (132)\}$ 是可迁的.

由于 $(1j)(1i)$ 能使 $i \to j$, 不难得出 H 是可迁的, 当且仅当对于任意 $k \in \{1, 2, \cdots, n\}$, 有 $h \in H$, 能使 $1 \to k$.

例 20.6.2   §20.4 中的克莱因四元群 V 是可迁的, 因为 $\langle 1 \rangle$ 使 $1 \to 1$, $(12)(34)$ 使 $1 \to 2$, $(13)(24)$ 使 $1 \to 3$, $(14)(23)$ 使 $1 \to 4$.

定理 20.6.1   设 H 是 S_p 的一个可迁子群, 其中 p 是素数, 如果 H 包含一个对换, 则 $H = S_p$.

为了清晰起见, 我们分下列各步来证明定理.

(i) 不失一般性, 设 $(12) \in H$. 在集合 $\{1, 2, \cdots, p\}$ 上定义元素之间的关系 $\sim$: $i \sim j$, 当且仅当对换 $(ij) \in H$. 容易得出这是一个等价关系. 这样集合 $\{1, 2, \cdots, p\}$ 就有了一个分类.

(ii) 从 H 的可迁性可得出每一个等价类的元数个数相同. 事实上, 若 $\phi = \begin{pmatrix} 1 & 2 & \cdots & p \\ \phi_1 & \phi_2 & \cdots & \phi_p \end{pmatrix} \in H$, $\phi_1 = i$, 即 ϕ 使 $1 \to i$. 若 $(1k) \in H$, 就有其充要条件 $\phi \cdot (1k) \cdot \phi^{-1} \in H$, 但

$$\phi \cdot (1k) \cdot \phi^{-1} = \begin{pmatrix} 1 & 2 & \cdots & k & \cdots & p \\ \phi_1 & \phi_2 & \cdots & \phi_k & \cdots & \phi_p \end{pmatrix} (1k) \begin{pmatrix} \phi_1 & \phi_2 & \cdots & \phi_k & \cdots & \phi_p \\ 1 & 2 & \cdots & k & \cdots & p \end{pmatrix}$$

$$= (\phi_1 \phi_k) = (i \phi_k),$$

这样,利用 ϕ,我们就在 1 的等价类与 i 的等价类之间建立了一个双射. 因此每一个等价类的元素个数相同.

(iii) 每一个等价类中的元素个数 s 必是 p 的一个因素,但 p 是素数. 因此 $s = p$ 或 1. 不过,因为 $(12) \in H$,也即 1 的等价类中至少有 1,2 这两个元素. 这样就有 $s = p$,即 1,2,$\cdots$,p 都等价,都在一个等价类中. 换言之,H 含有 S_p 中的所有对换. 因而,由定理 20.3.2 可知 $H = S_p$.

第二十一章

可 解 群

§21.1 可解群的定义

定义 21.1.1 设 G 是一个有限群,如果存在 G 的一个子群列

$$G = G_0 \rhd G_1 \rhd \cdots \rhd G_r = \{e\}, \tag{21.1}$$

其中 e 是 G 的单位元,使得每个商群 G_i/G_{i+1}, $i = 0, 1, 2, \cdots, r-1$, 都是可换群,则称该群列为 G 的一个可解群列,G_i/G_{i+1} 称为该可解群列的一个因子,称 G 是一个可解群. 如果 G 不是可解群,则称 G 为不可解群.

设 G 是可换群,则 $G \rhd \{e\}$ 就是一个可解群列,因此可换群是可解群,所以 S_2 是可解群. 对于 S_3,因为 $|S_3/A_3| = 2$, $|A_3/\{e\}| = 3$ 都是素数,所以 S_3/A_3 和 $A_3/\{e\}$ 都是可换群(参见 §10.6). 因此,$S_3 \rhd A_3 \rhd \{e\} = \{\langle 1\rangle\}$,是一个可解群列. 因此 S_3 是一个可解群. 它提供了一个不可换,但是可解群的例子.

由

$$
\begin{aligned}
S_4 = \{ & \langle 1\rangle, (12), (13), (14), (23), (24), (34), (12)(34), \\
& (13)(24), (14)(23), (123), (132), (124), (142), \\
& (134), (143), (234), (243), (1234), (1243), (1324), \\
& (1342), (1423), (1432) \},
\end{aligned}
$$

可知,$S_4 \rhd A_4 \rhd V \rhd \{e\}$ 是 S_4 的一个可解群列,其中 A_4 与 V 由 §20.4 给出. 这是因为 $|S_4/A_4| = 2$, $|A_4/V| = 3$, 以及 $V/\{e\}$ 同构于 V,而 V 是可换群. 因此 S_4 是可解群.

§21.2 可解群的性质

对于

$$S_4 \rhd A_4 \rhd V \rhd \{e\} \tag{21.2}$$

有 $|S_4/A_4| = 2$，$|A_4/V| = 3$ 都是素数，$|V/\{e\}| = 4$ 是合数. 为此，引入 $H = \{(1),(12)(34)\}$，不难证明 $V \triangleright H$. 于是在 V 与 $\{e\}$ 中插入（称为"加细"）H，从而构成

$$S_4 \triangleright A_4 \triangleright V \triangleright H \triangleright \{e\}. \tag{21.3}$$

(21.3)当然也是 S_4 的一个可解群列，不过它比(21.2)更加"精细了"：此时由 $|S_4/A_4| = 2$，$|A_4/V| = 3$，$|V/H| = 2$，$|H/\{e\}| = 2$ 都是素数可知，(21.3)中的各因子，即各商群不仅是可换的，还是素数阶循环（单）群. 对一般的（有限）可解群也有同样的结果([9] p61，[10] p23).

定理 21.2.1　可解群的每一个可解群列都可以进行"加细"，使得最终能得到一个新的可解群列，其中每一个因子都是素数阶循环群.

另外，对于可解群还有([8] p25，[10] p24)

定理 21.2.2　(i) 可解群 G 的子群是可解群，可解群的同态像是可解群；(ii) 设 $G \triangleright H$，则 G 是可解群当且仅当 H 和 G/H 都是可解群.

§21.3　$n \geqslant 5$ 时，S_n 是不可解群

我们先证明 A_5 是不可解群. 如果 A_5 是可解群，那么按定义 21.1.1，应存在起自 A_5 终止于 $\{e\}$ 的一个可解群列. 换句话说，应该在 $A_5 \triangleright \{e\}$ 中间插入一些依次是正规子群的子群，而使得每个因子都是可换的. 而 A_5 是单群（参见 §20.5），因此由 §10.7 可知 $A_5 \triangleright \{e\}$ 无法再加细了，而 $A_5/\{e\}$ 同构于 A_5 又是不可换的（参见 §20.4）. 所以 A_5 是不可解群.

于是由定理 21.2.2 可知 S_5 是不可解群，这是因为如果 S_5 可解，那么 A_5 就可解了. 对于 S_6，其中使数字 6 不变的置换的全体显然构成 S_6 的一个同构于 S_5 的群. 于是类似地从定理 21.2.2 可推知 S_6 是不可解的，这样一步步可推出 $n \geqslant 5$ 时，S_n 是不可解群.

由于我们没有证明定理 21.2.2，下面从另一角度来证明 $n \geqslant 5$ 时，S_n 是不可解群.

定理 21.3.1　在 $n \geqslant 5$ 时，设 S_n 的子群 G 含有所有的 3 循环，且 N 是 G 的一个正规子群，商群 G/N 是可换群，那么 N 也含有所有的 3 循环.

由于商群 G/N 是可换群，则对任意 $g_1, g_2 \in G$，有 $g_1 N \cdot g_2 N = g_2 N \cdot g_1 N$. 因此 $g_1 g_2 N = g_2 g_1 N$. 所以 $g_1^{-1} g_2^{-1} g_1 g_2 N = N$，即 $g_1^{-1} g_2^{-1} g_1 g_2 \in N$.

由于 $n \geqslant 5$，此时至少有 5 个数字，于是对于任意 3 循环 (abc)，取数字 d，f，使得 a, b, c, d, f 是 5 个不同的数字，构造 $g_1 = (dba)$，$g_2 = (afc) \in G$，

则有 $g_1^{-1} g_2^{-1} g_1 g_2 = (abd)(cfa)(dba)(afc) = (abc) \in N.$ 因此 N 也含有所有的 3 循环.

下面我们用反证法来证明 S_n 是不可解群. 设 S_n 是可解群,则存在 S_n 的一个可解群列: $S_n = G_0 \triangleright G_1 \triangleright G_2 \triangleright \cdots \triangleright G_r = \{e\}$, 且 G_i/G_{i+1} 都是可换群. 对 G_0, G_1 应用定理 21.3.1 可推出 G_1 含所有 3 循环;再对 G_1, G_2 应用定理 21.3.1,由此可知,G_2 含所有 3 循环;以此类推,就可得出这一群列不会终止于只有一个元素的 $\{e\}$. 这就矛盾了. 因此

定理 21.3.2 当 $n \geqslant 5$ 时,S_n 是不可解群.

$S_1 = \langle (1) \rangle$, S_2, S_3, S_4 都是可解群,而 S_5 是不可解群. 由此,是否对方程能否根式求解略有端倪?

当然,求解方程还有扩域理论这一重要方面,这是我们在下一章将要讨论的课题.

第二十二章

正 规 扩 域

§22.1 多项式的基域与根域

设多项式 $f(x) \in F[x]$，称域 F 是 $f(x)$ 的基域. 如 $x^2 - 2 \in Q[x]$，则 Q 就是 $x^2 - 2$ 的基域. $x^2 - 2$ 在 $Q[x]$ 中，或 Q 上是不可约的，也就是不可因式分解的. 我们希望求得 Q 的扩域，使得在其中，$x^2 - 2$ 能分解成 1 次因式的乘积，即 $x^2 - 2 = (x - \sqrt{2})(x + \sqrt{2})$. 显然 Q 的扩域 $Q(\sqrt{2})$，R，C 都能满足这一点，可以把它们都称为 $x^2 - 2 \in Q[x]$ 的可分解域.

当然对于 $f(x) \in F[x]$，$F \subset C$，根据 §7.1 所述，C 一定是 $f(x)$ 的可分解域. 但是为了"最大地"反映出 $f(x)$ 的特点，我们就希望把它的可分解域取得"尽可能地小". 于是有

定义 22.1.1 设 $f(x) \in F[x]$，则称 F 的扩域 E 是 $f(x)$ 在 F 上的根域，如果 E 满足(i) E 是 $f(x)$ 的一个可分解域，即在 E 上 $f(x)$ 可分解为 1 次因式的乘积，(ii) E 的任意真子域都不是 $f(x)$ 的可分解域.

例如 $Q(\sqrt{2})$ 就是 $x^2 - 2 \in Q[x]$ 的根域. 这是因为在 $Q(\sqrt{2})$ 上，$x^2 - 2 = (x - \sqrt{2})(x + \sqrt{2})$，而且 $[Q(\sqrt{2}) : Q] = 2$（例 14.1.1）是素数，于是根据推论 14.2.1 可知，在 Q 与 $Q(\sqrt{2})$ 之间不会有任何真中间域了. 由 $Q(\sqrt{2}) = Q(\sqrt{2})(-\sqrt{2})$，我们不难得出：为了从 $f(x) \in F[x]$ 的基域 F 得到它的根域 E，我们可以把 $f(x)$ 的 n 个根 α_1，α_2，$\cdots$，α_n 逐一地添加到 F 上去，从而得到

$$E = F(\alpha_1, \alpha_2, \cdots, \alpha_n). \tag{22.1}$$

例 22.1.1 把 $x^2 + 2x - 1$ 分别看成 $Q[x]$，$R[x]$，$C[x]$，$\cdots$ 上的多项式，则它的基域分别是 Q，R，C，$\cdots$，相应的根域则分别是 $Q(\sqrt{2})$，$R(\sqrt{2}) = R$，$C(\sqrt{2}) = C$.

例 22.1.2 $[(x-1)^2 + 9](x^2 - 2) \in Q[x]$，则它的基域为 Q，根域为

$\mathbf{Q}(1\pm 3i, \pm\sqrt{2}) = \mathbf{Q}(i, \sqrt{2})$.

例 22.1.3　$x^n-1 \in F[x]$ 的基域为 F,根域为 $F(1, \zeta, \cdots, \zeta^{n-1}) = F(\zeta)$；$x^n-a \in F[x]$ 的基域为 F,根域为 $F(d, d\zeta, \cdots, d\zeta^{n-1}) = F(d, \zeta)$,其中 d 满足 $d^n = a$.

多项式 $f(x) \in F[x]$ 的基域和根域,也称为方程 $f(x) = 0$ 的基域和根域. 以后我们就要把这两个域与 $f(x) = 0$ 的根式求解联系起来(参见 §25.3).

§22.2　正 规 扩 域

$x^2-2 \in \mathbf{Q}[x]$ 的根域 $\mathbf{Q}(\sqrt{2})$ 还有一个很特别的性质:若不可约多项式 $g(x)$ 的一个根在 $\mathbf{Q}(\sqrt{2})$ 之中,则 $g(x)$ 所有其他的根也都在 $\mathbf{Q}(\sqrt{2})$ 之中. 例如 $g(x) = x^2-2x-1 \in \mathbf{Q}[x]$,在 $\mathbf{Q}$ 上是不可约的,它的一个根 $1+\sqrt{2} \in \mathbf{Q}(\sqrt{2})$,则它的另一个根 $1-\sqrt{2}$ 也属于 $\mathbf{Q}(\sqrt{2})$. 以 x^2-2 的根域 $\mathbf{Q}(\sqrt{2})$ 的这一特性为原型,我们引入

定义 22.2.1　设 E 是 F 的一个有限扩域,且 $f(x) \in F[x]$ 是 F 上的任意一个不可约多项式. 如果 E 含有 $f(x)$ 的一个根,那么 E 就含有 $f(x)$ 的所有根,则称 E 是 F 的一个正规扩域.

例 22.2.1　$\mathbf{R}$ 含有超越数,因此 $\mathbf{R}$ 不是 $\mathbf{Q}$ 的有限扩域(参见 §16.6),所以 $\mathbf{R}$ 不是 $\mathbf{Q}$ 的正规扩域;同理 $\mathbf{C}$ 也不是 $\mathbf{Q}$ 的正规扩域;而 $\mathbf{C}=\mathbf{R}(i)$,且 $[\mathbf{C}:\mathbf{R}] = 2$,另外 $\mathbf{R}$ 上的不可约多项式是 2 次的,它的 2 个共轭根当同属于 $\mathbf{C}$,所以 $\mathbf{C}$ 是 $\mathbf{R}$ 的正规扩域.

§22.3　正规扩域的性质

我们是从 $x^2-2 \in \mathbf{Q}[x]$ 的根域 $\mathbf{Q}(\sqrt{2})$ 引出正规扩域这一概念的. 事实上可以证明([8] p76,[9] p96)

定理 22.3.1　设 $f(x) \in F[x]$ 在 F 上的根域是 E,则 E 必定是 F 的一个正规扩域. 反过来,若域 E 是域 F 的正规扩域,则 E 必定是 F 上某个多项式 $f(x) \in F[x]$ 的根域.

例 22.3.1　$\mathbf{Q}(\sqrt{2}, i)$ 是 $\mathbf{Q}$ 的一个正规扩域,因为它是 $x^4-x^2-2 \in \mathbf{Q}[x]$ 在 $\mathbf{Q}$ 上的根域.

例 22.3.2　考虑 $x^3-2 \in \mathbf{Q}[x]$,设 $\sqrt[3]{2}$ 是满足 $\alpha^3 = 2$ 的实数,则由例

22.1.3 可知 $x^3 - 2$ 在 **Q** 上的根域为 $\mathbf{Q}(\sqrt[3]{2}, \omega)$. 因此 $\mathbf{Q}(\sqrt[3]{2}, \omega)$ 是 **Q** 的一个正规扩域. 尽管 $\mathbf{Q}(\sqrt[3]{2})$ 是 **Q** 的扩域, 但不是 **Q** 的正规扩域. 不过可以在 $\mathbf{Q}(\sqrt[3]{2})$ 中添加 ω 使之成为 **Q** 的正规扩域. $\mathbf{Q}(\sqrt[3]{2}, \omega)$ 称为 $\mathbf{Q}(\sqrt[3]{2})$ 的正规闭包.

例 22.3.3　在域列 $\mathbf{Q} \subset \mathbf{Q}(\sqrt{2}) \subset \mathbf{Q}(\sqrt[4]{2})$ 中, 因为 $\mathbf{Q}(\sqrt{2})$ 是 $x^2 - 2 \in \mathbf{Q}[x]$ 的根域, 所以 $\mathbf{Q}(\sqrt{2})$ 是 **Q** 的正规扩域. 又因为 $\mathbf{Q}(\sqrt[4]{2})$ 是 $x^2 - \sqrt{2} \in \mathbf{Q}(\sqrt{2})[x]$ 的根域, 所以 $\mathbf{Q}(\sqrt[4]{2})$ 是 $\mathbf{Q}(\sqrt{2})$ 的正规扩域. 然而 $\mathbf{Q}(\sqrt[4]{2})$ 不是 **Q** 的正规扩域, 因为 $\sqrt[4]{2}$ 在 **Q** 上的最小多项式是 $x^4 - 2 = 0$, 它的根为 $\pm\sqrt[4]{2}$, $\pm\mathrm{i}\sqrt[4]{2}$, 因而 $x^4 - 2$ 在 **Q** 上的根域是 $\mathbf{Q}(\pm\sqrt[4]{2}, \pm\mathrm{i}\sqrt[4]{2}) = \mathbf{Q}(\sqrt[4]{2}, \mathrm{i})$ (例 22.1.3), 因此 $\mathbf{Q}(\sqrt[4]{2}, \mathrm{i})$ 是 $\mathbf{Q}(\sqrt[4]{2})$ 的正规闭包.

一般地, 设 L 是 F 的一个有限扩域, 但不是正规扩域. 根据定理 16.5.1, 有 $L = F(\alpha)$. 设 α 在 F 上的最小多项式为 $f(x) \in F[x]$, 把 $f(x)$ 所有的根都添加到 L 中去, 得出 L 的扩域 $\bar{L}$. 则 $\bar{L}$ 显然是 F 的一个正规扩域, 且是 F 的包含 L 的最小正规扩域, 即 L 的正规闭包.

例 22.3.4　考虑域列 $F \subset L \subset E$. 设 E 是 F 的一个正规扩域. 于是存在 $f(x) \in F[x]$, 使得 $E = F(\alpha_1, \alpha_2, \cdots, \alpha_n)$, 其中 $\alpha_1, \alpha_2, \cdots, \alpha_n$ 是 $f(x)$ 的所有根. 由 $E = F(\alpha_1, \alpha_2, \cdots, \alpha_n) \subset L(\alpha_1, \alpha_2, \cdots, \alpha_n) \subset E(\alpha_1, \alpha_2, \cdots, \alpha_n) = E$ 可知 $L(\alpha_1, \alpha_2, \cdots, \alpha_n) = E$, 即 E 是 $f(x) \in L[x]$ 在 L 上的根域. 因此 E 是 L 的一个正规扩域. 但是, 一般来说, L 不是 F 的正规扩域. 只有在一定的条件下, L 才是 F 的正规扩域. 注意到, 这里有正规扩域的概念, 以前有正规子群的概念, 这样的命名法必定反映了域与群之间有着某种关联 (参见 §24.2). 我们将在下一部分中来研究这一问题.

第七部分
伽罗瓦理论

我们在这一部分中阐明伽罗瓦理论：先从域出发定义它的自同构群，再对正规扩域以及域上的多项式分别给出它们的伽罗瓦群，然后在域与群之间引入重要的伽罗瓦对应，最后我们给出伽罗瓦理论的基本定理.

第二十三章

从 域 得 到 群

§23.1 域 E 的自同构群

设 E 是数域,为了研究域 E 这一代数结构,我们要研究 E 到 E 自身上的同构映射,称为 E 的自同构.这里的同构映射指的是 E 到 E 的一个双射 σ,且保持 E 中的乘法和加法运算,即对任意 a,$b \in E$,有

$$\sigma(a+b) = \sigma(a)+\sigma(b), \sigma(ab) = \sigma(a)\sigma(b) \tag{23.1}$$

把 E 的所有自同构映射构成的集合,记作 Aut E,这里的 Aut 是英语中 automorphism(自同构映射)一词的缩写.对于 σ_1,$\sigma_2 \in$ Aut E,我们照常以变换的结合来定义它们的乘法运算(定义 9.2.2),即对于任意 $a \in E$,有

$$\sigma_2 \cdot \sigma_1(a) = \sigma_2(\sigma_1(a)) \tag{23.2}$$

不难证明,Aut E 在此乘法下成群,称为 E 的自同构群.从(23.1)和 §10.8 不难得出,若 $\sigma \in$ Aut E,则对 0, 1, $a \neq 0 \in E$,有

$$\sigma(0) = 0, \ \sigma(1) = 1, \ \sigma(a^{-1}) = \left[\sigma(a)\right]^{-1} \tag{23.3}$$

因为 $\mathbf{Q} \subseteq E$(定理 11.5.2),于是从(23.3)就能得出 $\sigma \in$ Aut E 的一重要性质:对于任意 $r \in \mathbf{Q}$,有 $\sigma(r) = r$,即把 σ 限制到 E 的子域 $\mathbf{Q}$ 上,我们得到的是 $\mathbf{Q}$ 上的恒等映射,也即 E 的任意自同构都使 $\mathbf{Q}$ 不变.作为一个特例有 Aut $\mathbf{Q} = \{1_\mathbf{Q}\}$.

例 23.1.1 在 Aut $\mathbf{C}$ 中有复共轭变换 $a+b\mathrm{i} \rightarrow a-b\mathrm{i}$ 给出的自同构.

例 23.1.2 求 Aut $\mathbf{Q}(\sqrt{3})$.

由 $\mathbf{Q}(\sqrt{3}) = \{a+b\sqrt{3} \mid a, b \in \mathbf{Q}\}$,对任意 $\sigma \in$ Aut $\mathbf{Q}(\sqrt{3})$ 有

$$\sigma(a+b\sqrt{3}) = \sigma(a)+\sigma(b\sqrt{3}) = a+\sigma(b)\sigma(\sqrt{3}) = a+b\sigma(\sqrt{3})$$

所以 σ 的变换作用由 $\sigma(\sqrt{3})$ 确定.考虑到 $\sigma(3) = 3 = \sigma(\sqrt{3}\sqrt{3}) = \left[\sigma(\sqrt{3})\right]^2$,所以 $\sigma(\sqrt{3}) = \pm\sqrt{3}$. 因此 Aut $\mathbf{Q}(\sqrt{3}) = \{e, \tau\}$,其中 $e(\sqrt{3}) = \sqrt{3}$, $\tau(\sqrt{3}) = -\sqrt{3}$.

§23.2 E 作为 F 扩域时的一类特殊自同构群

有了域 E，就有自同构群 Aut E. 不过在 E/F 扩域这一情况下，我们还要特别地考虑到 E 是 F 的扩域这一层关系，于是我们在 Aut E 中，仅考虑那些能保持 F 中任何数都不变的自同构，即有

定义 23.2.1 设 E/F 是扩域，称 $\sigma \in$ Aut E 是 E 在 F 上的一个自同构，若对任意 $a \in F$，有

$$\sigma(a) = a$$

此时不难证明([8] p81)：

定理 23.2.1 设 E/F 是扩域，对 E 在 F 上的自同构的全体构成集合 H，有 Aut $E \supsetneqq H$.

例 23.2.1 对于 $\mathbf{C}/\mathbf{R}$，求 $\mathbf{C}$ 在 $\mathbf{R}$ 上的所有自同构构成的 H.

设 $\sigma \in H$, a, $b \in \mathbf{R}$, 则从 $\sigma(a+bi) = \sigma(a) + \sigma(bi) = a + \sigma(b)\sigma(i) = a + b\sigma(i)$, 可知 σ 由 $\sigma(i)$ 确定. 但是, $\sigma(i^2) = \sigma(-1) = [\sigma(i)]^2 = -1$, 所以 $\sigma(i) = \pm i$. 于是 $H = \{e, \tau\}$, 其中 e 是 $\mathbf{C}$ 中的恒等变换, 而 τ 是 $\mathbf{C}$ 中的复共轭变换(例 23.1.1).

§23.3 正规扩域时的伽罗瓦群

上节有一个极重要的特别情况：E 不仅是 F 的扩域，还是 F 的一个正规扩域. 此时有

定义 23.3.1 设 E 是 F 的一个正规扩域，E 在 F 上的所有自同构构成的群，称为 E 在 F 上的伽罗瓦群，记为 Gal E/F，或简记为 $G(E/F)$，其中 Gal 是 Galois(伽罗瓦)一词的缩写.

例 23.3.1 $\sqrt{3}i$ 在 $\mathbf{Q}$ 上的最小多项式是 $x^2 + 3$, $\mathbf{Q}(\sqrt{3}i) = \{a + \sqrt{3}bi \mid a, b \in \mathbf{Q}\}$ 是 $x^2 + 3$ 在 $\mathbf{Q}$ 上的根域，也是 $\mathbf{Q}$ 的正规扩域. 令 $G(\mathbf{Q}(\sqrt{3}i)/\mathbf{Q}) = G$. 如果 $\sigma \in G$, 则由 $\sigma(a + \sqrt{3}bi) = a + b\sigma(\sqrt{3}i)$, 可知 σ 由 $\sigma(\sqrt{3}i)$ 确定, 由此不难得出 $G = \{e, \tau\}$, 其中 e 是 $\mathbf{Q}(\sqrt{3}i)$ 的恒等变换. 而 $\tau(a + \sqrt{3}bi) = a - \sqrt{3}bi$. 注意到 $[\mathbf{Q}(\sqrt{3}i):\mathbf{Q}] = 2$, $|G| = 2$, 有 $[\mathbf{Q}(\sqrt{3}i):\mathbf{Q}] = |G(\mathbf{Q}(\sqrt{3}i)/\mathbf{Q})|$. 这也是一个普遍成立的性质.

§23.4　伽罗瓦群的一些重要性质

设 $\sigma \in G(E/F)$，且 $\alpha \in E$ 是 $f(x)=\sum_{i=0}^{n} a_i x^i \in F[x]$ 的一个根，即 $f(\alpha)=\sum_{i=0}^{n} a_i \alpha^i =0$，于是由 E 的正规性可知 $f(x)$ 的所有根都属于 E. 此时由

$$\sigma f(\alpha) = \sum_{i=0}^{n} \sigma(a_i \alpha^i) = \sum_{i=0}^{n} a_i \sigma(\alpha^i) = \sum_{i=0}^{n} a_i [\sigma(\alpha)]^i = \sigma(0) = 0 \quad (23.4)$$

可知，$\sigma(\alpha)$ 也是 $f(x)$ 的一个根，即

定理 23.4.1　$G(E/F)$ 的元 σ，把 $f(x) \in F[x]$ 的根 $\alpha \in E$ 变为根 $\sigma(\alpha) \in E$.

另外，类似于 $[\mathbf{Q}(\mathrm{i}\sqrt{3}):\mathbf{Q}]=|G(\mathbf{Q}(\mathrm{i}\sqrt{3})/\mathbf{Q})|$，有（[8] p82）

定理 23.4.2　设 E 是 F 的正规扩域，则 $|G(E/F)|=[E:F]$.

由于正规扩域是有限扩域，因此伽罗瓦群 $G(E/F)$ 是有限群。

例 23.4.1　由例 23.1.2 可知 $G[\mathbf{Q}(\sqrt{3})/\mathbf{Q}]=\{e,\tau\}$. 对于 $x^2-3\in\mathbf{Q}[x]$，它的两个根为 $\pm\sqrt{3}\in\mathbf{Q}(\sqrt{3})$. 此时 e,τ 对它们的作用分别为 $e(\sqrt{3})=\sqrt{3}$，$e(-\sqrt{3})=-\sqrt{3}$；$\tau(\sqrt{3})=-\sqrt{3}$，$\tau(-\sqrt{3})=\sqrt{3}$. 还有 $|G(\mathbf{Q}(\sqrt{3})/\mathbf{Q})|=2=[\mathbf{Q}(\sqrt{3}):\mathbf{Q}]$.

例 23.4.2　对于 $F\subset M\subset M'\subset E$，设 E 是 F 的正规扩域，因此也是 M，M' 的正规扩域（参见 §22.3），所以由 $[M':M]=[E:M]/[E:M']$，可知 $[M':M]=|G(E/M)|/|G(E/M')|$.

§23.5　域 F 上方程的伽罗瓦群

域 F 上多项式 $f(x)$ 的根域是 F 的正规扩域（定理 22.3.1），这样我们就有了 §23.3 的一个重要的特例。

定义 23.5.1　域 F 上多项式 $f(x)$，或多项式方程 $f(x)=0$ 在 F 上的伽罗瓦群，指的是 $G(E/F)$，其中 E 是 $f(x)$ 在 F 上的根域。

由 (22.1) 可知，$\sigma\in G(E/F)$，是由 $\sigma(\alpha_i)$，$i=1,2,\cdots,n$ 确定的，其中 $\alpha_1,\cdots,\alpha_n$ 是 $f(x)$ 的 n 个根. 所以求得了这些 $\sigma(\alpha_i)$ 后，σ 也就确定了. 另外定义 23.5.1 中的 $f(x)\in F[x]$ 是任意的，不一定是不可约的。

100

如果 $f(x)$ 在 F 上是可约的,则我们把它分解为一系列两两不同的不可约多项式 $p(x)$ 的幂的乘积,即

$$f(x) = p_1^{r_1}(x) p_2^{r_2}(x) \cdots p_s^{r_s}(x) \tag{23.5}$$

对此,我们强调下列两方面:

(i) 令

$$f_0(x) = p_1(x) p_2(x) \cdots p_s(x) \tag{23.6}$$

显然 $f(x)$ 和 $f_0(x)$ 在 F 上有相同的根集,因此有相同的伽罗瓦群. 于是只要考虑 $f_0(x)$ 的伽罗瓦群就足够了. 不失一般性,还可以要求 $p_i(x)$, $i = 1, 2, \cdots, s$ 都是首 1 多项式.

(ii) 设 α 是 $f_0(x)$ 的一个根,不妨设它是 $p_1(x)$ 的一个根,因此定理 23.4.1 告诉我们 $\sigma(\alpha)$ 也应是 $p_1(x)$ 的一个根. 由于 $p_1(x)$ 是不可约的,因此 $p_1(x)$ 是 α 的最小多项式,所以 σ 将 α 变成共轭根 $\sigma(\alpha)$(参见 §16.1). 要注意的是,若 $p_i(\alpha) = p_j(\beta) = 0$, $i \neq j$, 而变换 σ 使得 $\sigma(\alpha) = \beta$,则 $\sigma \notin G(E/F)$.

例 23.5.1 求 $x^3 - 2 \in \mathbf{Q}[x]$ 在 $\mathbf{Q}$ 上的伽罗瓦群.

此时基域为 $\mathbf{Q}$,根域为 $\mathbf{Q}(\sqrt[3]{2}, \omega)$(例 22.3.2). 令 $\sigma \in G(\mathbf{Q}(\sqrt[3]{2}, \omega)/\mathbf{Q}) = G$, 而 $x^3 - 2$ 的根为 $\alpha_1 = \sqrt[3]{2}$, $\alpha_2 = \omega\sqrt[3]{2}$, $\alpha_3 = \omega^2 \cdot \sqrt[3]{2}$, 于是 σ 一共有 6 种选择:σ_1:$\alpha_1 \to \alpha_1$, $\alpha_2 \to \alpha_2$, $\alpha_3 \to \alpha_3$, σ_2:$\alpha_1 \to \alpha_1$, $\alpha_2 \to \alpha_3$, $\alpha_3 \to \alpha_2$, σ_3:$\alpha_1 \to \alpha_3$, $\alpha_2 \to \alpha_2$, $\alpha_3 \to \alpha_1$, σ_4:$\alpha_1 \to \alpha_2$, $\alpha_2 \to \alpha_1$, $\alpha_3 \to \alpha_3$, σ_5:$\alpha_1 \to \alpha_2$, $\alpha_2 \to \alpha_3$, $\alpha_3 \to \alpha_1$, σ_6:$\alpha_1 \to \alpha_3$, $\alpha_2 \to \alpha_1$, $\alpha_3 \to \alpha_2$. 显然,它们分别是 S_3 中的 $\langle 1 \rangle$,(23),(13),(12),(123),(132). 因此,$G = \{\sigma_1, \sigma_2, \cdots, \sigma_6\}$ 同构 S_3, 且

$$[\mathbf{Q}(\sqrt[3]{2}, \omega) : \mathbf{Q}] = [\mathbf{Q}(\sqrt[3]{2}, \omega) : \mathbf{Q}(\sqrt[3]{2})][\mathbf{Q}(\sqrt[3]{2}) : \mathbf{Q}] = 6 = |G|$$

例 23.5.2 求分圆多项式 $\Phi_5(x) = x^4 + x^3 + x^2 + x + 1$ 的伽罗瓦群.

$\Phi_5(x)$ 的根为 ζ, ζ^2, ζ^3, ζ^4, 且 $\Phi_5(x)$ 在 $\mathbf{Q}$ 上的根域为 $\mathbf{Q}(\zeta)$. 设 $\sigma \in G[\mathbf{Q}(\zeta)/\mathbf{Q}] = G$, 则 σ 由 $\sigma(\zeta)$ 确定,因此由 $\sigma_i(\zeta) = \zeta^i$, $i = 1, 2, 3, 4$, 以及 $(\zeta^i)^5 = 1$, $i = 1, 2, 3, 4$, 不难得出 $G = \{\sigma_1, \sigma_2, \sigma_3, \sigma_4\}$ 同构 $\{\langle 1 \rangle, (1243), (1342), (14)(23)\} \subset S_4$, 且 $[\mathbf{Q}(\zeta) : \mathbf{Q}] = \varphi(5) = 4 = |G|$.

例 23.5.3 求 $f(x) = (x^2 - 2)^3(x^2 - 3) \in \mathbf{Q}[x]$ 的伽罗瓦群.

此时 $f_0(x) = (x^2 - 2)(x^2 - 3)$, 因此 $E = \mathbf{Q}(\sqrt{2}, \sqrt{3})$. 而 $\pm\sqrt{2}$ 和 $\pm\sqrt{3}$ 分别为共轭根,则对于 $\sigma \in G(\mathbf{Q}(\sqrt{2}, \sqrt{3})/\mathbf{Q}) = G$, 一共有 4 种选择. 记 $\alpha_1 = \sqrt{2}$, $\alpha_2 = -\sqrt{2}$, $\alpha_3 = \sqrt{3}$, $\alpha_4 = -\sqrt{3}$, 则 $G = \{\sigma_1, \sigma_2, \sigma_3, \sigma_4\}$ 同构 $\{\langle 1 \rangle, (12), (34),$

$(12)(34)\} \subset S_4$. 另外 $[\mathbf{Q}(\sqrt{2},\sqrt{3}):\mathbf{Q}]=4=|G|$. 这个例子还表明了 G 中不存在把 $\sqrt{2}$ 变为 $\sqrt{3}$ 的变换. 否则, 若 $\sigma(\sqrt{2})=\sqrt{3}$, 则 $2=\sigma(2)=\sigma(\sqrt{2}\cdot\sqrt{2})=\sqrt{3}\cdot\sqrt{3}=3$, 即 $2=3$ 了.

这些例子印证了定理 23.4.2, 也印证了下面定理([8] p89, [9] p104)

定理 23.5.1　设上述 $f_0(x)\in F(x)$ 是 n 次的, 则 $f_0(x)$ 的伽罗瓦群同构于 S_n 的一个子群.

于是就有了这样的问题: 怎样的 n 次方程, 它的伽罗瓦群一定与 S_n 同构呢?

§23.6　域 F 上的一般的 n 次多项式方程

举例来说, 像 $3x^2+2x-1=0$ 这样的方程称为数字系数二次方程, 因为它的系数 $3, 2, -1$ 都是一些具体的数字, 而 $ax^2+bx+c=0$ 则称为一般的二次方程, 因为它的系数 a, b, c 不是具体数字, 只是一些字母, 或可取任意值的变元. 在例 22.1.1 中, 我们说明过 $3x^2+2x-1$ 可以看成是 $\mathbf{Q}, \mathbf{R}, \mathbf{C}, \cdots$ 上的多项式, 而现在对于 ax^2+bx+c 由于 a, b, c 的性质, 不能再从 $\mathbf{Q}, \mathbf{R}, \mathbf{C}, \cdots$ 出发, 而应该从 $\mathbf{Q}(a, b, c)$, $\mathbf{R}(a, b, c)$, $\mathbf{C}(a, b, c)$, $\cdots$ 出发来解方程了. 作为起点, 也把 $\mathbf{Q}(a, b, c)$, $\mathbf{R}(a, b, c)$, $\mathbf{C}(a, b, c)$, $\cdots$ 认为是它的基域. 或者令 Δ 为域, 以 $\Delta(a, b, c)$ 为基域, 而相应的根域就是 $\Delta(a, b, c)(\alpha_1, \alpha_2)$, 其中 α_1, α_2 是 $ax^2+bx+c=0$ 的两个根. 当然, 此时的伽罗瓦群就是 Gal $\Delta(a, b, c)(\alpha_1, \alpha_2)/\Delta(a, b, c)$. 类似地, 有一般的 n 次方程及它的伽罗瓦群, 并有([10] p101)

定理 23.6.1　一般的 n 次多项式方程的伽罗瓦群与 S_n 同构.

第二十四章

伽罗瓦理论的基本定理

§24.1 伽罗瓦对应

给定域 F 及其正规扩域 E,我们先有 $\mathrm{Aut}\,E$,然后从中分离出那些不变 F 中任意数的自同构,而得出了 $G(E/F)$. 如果在 $\mathrm{Aut}\,E$ 中要分离出使 E 中每一个数都不变的自同构,那显然只有 E 的恒等变换了,也即是 $G(E/F)$ 中恒等元 e,于是我们就有了下列的对应图——$G(E/F)$ 使 F 不变,而 $\{e\}$ 使 E 不变:

$$F \subseteq E$$
$$G(E/F) \supseteq \{e\} \tag{24.1}$$

现在按照 $G(E/F)$ 的子群 H,在 E 中选出所有在 H 下不变的数,构成

$$H^+ = \{a \mid a \in E, \sigma(a) = a, \ \forall\, \sigma \in H\} \tag{24.2}$$

容易看出 H^+ 是 E 的一个包含 F 的子域,称为由子群 H 给出的不变子域,记作 $\mathrm{Inv}\,H$,因此 $H^+ = \mathrm{Inv}\,H$. 记号 H^+ 较简洁,而记号 $\mathrm{Inv}\,H$ 提示了 H^+ 的意义,因为 Inv 是英语中 invariant(不变的)一词的缩写.

反过来,对于 E 和 F 之间的任意中间域 M,即 $E \supseteq M \supseteq F$,从 E 是 F 的正规扩域,可知 E 也是 M 的正规扩域(参见 §22.3). 于是就有 $G(E/M)$,它是由 $\mathrm{Aut}\,E$ 中所有不变 M 中每一个元的自同构组成的. 它显然是 $G(E/F)$ 的一个子群,记作 $M^* = G(E/M)$,称为由子域 M 给出的子群. 同样,记号 M^* 较简洁,而记号 $G(E/M)$ 提示了 M^* 的意义.

简单地说,子域是由子群的不变域得到的;子群是由子域上的伽罗瓦群求得的. 于是,如果设 $\mathscr{F}$ 是 E 的所有子域构成的集合,而 $\mathscr{G}$ 是 $G(E/F)$ 的所有子群构成的集合,则在这两个集合之间有映射 $*$ 和 $+$:

$$
\begin{array}{llll}
* \ \mathscr{F} \ \rightarrow \ \mathscr{G}, & & + \ \mathscr{G} \ \rightarrow \ \mathscr{F} & \\
M \quad\quad M^* = G(E/M) & & H \quad\quad H^+ = \mathrm{Inv}\,H & \tag{24.3}
\end{array}
$$

伽罗瓦把这两个集合联系在一起了.这就是著名的伽罗瓦对应,而映射＋,＊就称为伽罗瓦映射.利用这一对应,从群的一些性质可以推得域的一些相应的性质,反之亦然.例如说,由于 $G(E/F)$ 是有限群,可断言它有有限个子群,因此就可推知 E 有有限个子域.

例 24.1.1 根据以上所述显然 $E^* = G(E/E) = \{e\}$, $\{e\}^+ = E$, $F^* = G(E/F)$, $[G(E/F)]^+ = (F^*)^+ = F$.

§24.2 伽罗瓦理论的基本定理

对于 $M \in \mathscr{F}$,用 ＊ 得到了 M^*,再用 ＋ 得到了 $(M^*)^+$,即从子域得到子群,再通过子群,又得到了子域,那么这两个子域 M 与 $(M^*)^+$ 有什么关系？相反地,走子群—子域—子群路线,从 $H \in \mathscr{G}$ 开始,经过 H^+,再得出 $(H^+)^*$,那么这两个子群 H 和 $(H^+)^*$ 又有什么关系？对此,可以证明([8] p97,[9] p109)

定理 24.2.1 (伽罗瓦理论基本定理第一部分)映射 ＊ 和＋都是双射,且互为逆映射,因此 $(M^*)^+ = M$,以及 $(H^+)^* = H$.

于是利用 $H_i \xrightarrow{+} H_i^+ = M_i$; $M_i \xrightarrow{*} M_i^* = H_i$,则有下列伽罗瓦对应图:

$$F = M_1 \subseteq M_2 = H_2^+ = \mathrm{Inv}\, H_2 \subseteq \cdots \subseteq M_i = H_i^+ = \mathrm{Inv}\, H_i \subseteq \cdots \subseteq M_{r+1} = E,$$
$$G(E/F) = H_1 \supseteq H_2 = M_2^* = G(E/M_2) \supseteq \cdots \supseteq H_i = M_i^* = G(E/M_i) \supseteq \cdots \supseteq H_{r+1} = \{e\}$$

$$(24.4)$$

它的特点是"域大群小",或"群大域小",以及域列与群列的"包含"方向是相反的.

例 24.2.1 由例 23.5.2 知道 $\Phi_5(x)$ 的基域是 $\mathbf{Q}$ 时,根域为 $\mathbf{Q}(\zeta)$,伽罗瓦群 $G = \langle (1), (1243), (1342), (14)(23) \rangle$.容易验证 $H = \{\langle 1 \rangle, (14)(23)\}$ 是 G 的唯一的真子群.为了求得 $H^+ = \mathrm{Inv}\, H$,注意到 $\mathbf{Q}(\zeta)$ 中一般元可写成 $a = a_0 + a_1\zeta + a_2\zeta^2 + a_3\zeta^3 + a_4\zeta^4$, $a_i \in \mathbf{Q}$, $i = 0, 1, 2, 3, 4$.若要求 $(14)(23)a = a$,则可得出其充要条件是 $a_1 = a_4$, $a_2 = a_3$.因此 H^+ 中元具有 $a = a_0 + a_1(\zeta + \zeta^4) + a_2(\zeta^2 + \zeta^3)$ 的形式.而 $1 + \zeta + \zeta^2 + \zeta^3 + \zeta^4 = 0$,则 $\zeta^2 + \zeta^3 = -1 - (\zeta + \zeta^4)$.因此 $H^+ = \mathbf{Q}(\zeta + \zeta^4)$.最后有伽罗瓦对应图

$$\begin{array}{ccccc} \mathbf{Q}(\zeta) & \supset & \mathbf{Q}(\zeta + \zeta^4) = H^+ & \supset & \mathbf{Q} \\ \{e\} & \subset & \langle (1), (14)(23) \rangle = H & \subset & G = (\mathbf{Q}(\zeta)/\mathbf{Q}) \end{array},$$

对于伽罗瓦对应图

$$F \quad \subseteq \quad M = H^+ = \operatorname{Inv} H \quad \subseteq \quad E$$
$$G(E/F) \supseteq \quad H = M^* = G(E/M) \quad \supseteq \quad \{e\}. \tag{24.5}$$

其中 E 是 F 的正规扩域,因此也是 M 的正规扩域,但 M 一般并不是 F 的正规扩域(参见 §22.3). 于是就有: (i) 如果要求 M 是 F 的一个正规扩域,那么会对子群 $M^* = H$ 提出什么要求? 答案是 $G(E/F) \rhd H$,其中 $H = M^* = G(E/M)$,即"正规(扩域)对正规(子群)". 设 M 是 F 的一个正规扩域,此时可构成 $G(M/F)$;而 $G(E/F) \rhd M^*$,此时可构成商群 $G(E/F)/M^*$,于是又要问: (ii) $G(M/F)$ 与 $G(E/F)/M^*$ 有什么关系? 对于这两个问题,我们有([8] p100,[9] p109)

定理 24.2.2 (伽罗瓦理论基本定理第二部分)在(24.5)中,M 是 F 的一个正规扩域,当且仅当 $G(E/F) \rhd M^*$,而且此时有

$$G(M/F) \approx G(E/F)/M^* = G(E/F)/G(E/M). \tag{24.6}$$

例 24.2.2 沿用例 23.5.1 的符号,此时 $F = \mathbf{Q}$,$E = \mathbf{Q}(\sqrt[3]{2}, \omega)$,$G(E/F) = S_3 = \{\langle 1 \rangle, (23), (13), (12), (123), (132)\}$. 容易求得 S_3 有下列 4 个真子群: $H_1 = \{\langle 1 \rangle, (123), (132)\}$,$H_2 = \{\langle 1 \rangle, (23)\}$,$H_3 = \{\langle 1 \rangle, (12)\}$,$H_4 = \{\langle 1 \rangle, (13)\}$. 而 $\alpha_1 = \sqrt[3]{2}$,$\alpha_2 = \omega\sqrt[3]{2}$,$\alpha_3 = \omega^2 \cdot \sqrt[3]{2}$,其中 $\omega = \frac{1}{2}\alpha_1^2\alpha_2$,因此容易得到 S_3 对 α_1 和 ω 的作用如下:

α_1, ω　S_3	$\langle 1 \rangle$	(23)	(13)	(12)	(123)	(132)
α_1	α_1	α_1	$\omega^2\alpha_1$	$\omega\alpha_1$	$\omega\alpha_1$	$\omega^2\alpha_1$
ω	ω	ω^2	ω^2	ω^2	ω	ω

于是可得出: ω 在 $\langle 1 \rangle, (123), (132)$ 下不变;α_1 在 $\langle 1 \rangle, (23)$ 下不变;$\omega^2\alpha_1$ 在 $\langle 1 \rangle$,(12) 下不变;以及 $\omega\alpha_1$ 在 $\langle 1 \rangle, (13)$ 下不变. 事实上,我们有([8] p99,[10] p97):

$$H_1^+ = M_1 = \mathbf{Q}(\omega), \quad H_2^+ = M_2 = \mathbf{Q}(\sqrt[3]{2}), \quad H_3^+ = M_3 = \mathbf{Q}(\sqrt[3]{2}\omega^2), \quad H_4^+ = M_4 = \mathbf{Q}(\sqrt[3]{2}\omega).$$

这些结果可用图 24.2.1 表示

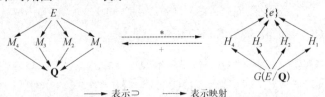

$\longrightarrow$ 表示 $\supseteq$　　$\dashrightarrow$ 表示映射

图 24.2.1　$E = \mathbf{Q}(\sqrt[3]{2}, \omega)$ 的子域与 $G(E/\mathbf{Q})$ 的子群的对应图

由 $S_3 = H_1 \bigcup (12)H_1$ 可知，$S_3 \triangleright H_1$. 而 $S_3 \triangleright H_1$ 的充要条件是 $M_1 = \mathbf{Q}(\omega)$ 是 $\mathbf{Q}$ 的正规扩域. 而如对 H_2，由 $(12)H_2 = \{(12),(123)\} \neq H_2(12) = \{(12),(132)\}$ 可知，H_2 不是 S_3 的一个正规子群. 事实上，$M_2 = \mathbf{Q}(\sqrt[3]{2})$ 不是 $\mathbf{Q}$ 的一个正规扩域（例 22.3.2）.

第八部分
伽罗瓦理论的应用

在这一部分中,我们将看到伽罗瓦理论的重要应用:推导出多项式方程根式可解的伽罗瓦判别定理,阐明不可约的三次方程有 3 个实根时的"不可简化情况",证明正 n 边形尺规作图的必要条件也是充分条件,以及证明对称多项式的牛顿定理. 我们也将讲述高斯证明正 17 边形可尺规作图的方法及其深刻的背景——伽罗瓦理论.

第二十五章

多项式方程的
根式可解问题

§25.1 一些特殊的伽罗瓦群

例 25.1.1 求 $x^n - 1 = 0$ 在 F 上的伽罗瓦群.

沿用例 22.1.3 的符号,基域为 F,根域为 $E = F(\zeta)$,其中 ζ 是 n 次本原根,也是 n 次分圆多项式 $\Phi_n(x)$ 的根. $\Phi_n(x)$ 在 $\mathbf{Q}$ 上是不可约的(参见 §19.3),但是在 F 上可能是可约的. 不过 $\sigma \in G(E/F) = G$,仍将 ζ 变为 $\Phi_n(x)$ 中的一根,即一个本原根(当然将 ζ 变为任一本原根的变换不一定属于 G). 而 ζ 是 $G_n = \{1, \zeta, \cdots, \zeta^{n-1}\}$ 的生成元(参见 §10.6),于是就有 $\sigma(\zeta) = \zeta^i$,且 $(i, n) = 1$. 由此按 σ 映射为 $[i]_n$ 定义 $\phi: G \to \mathbf{Z}'_n$. 不难证明 ϕ 是 G 到 $\operatorname{Im}\phi = \phi(G)$ 上的同构映射 ([8] p104). 因为 $\mathbf{Z}'_n$ 是可换群(例 10.1.3),所以 $\mathbf{Z}'_n$ 的子群 $\phi(G)$ 也是可换群. 因此 G 也是可换群,即 $x^n - 1 = 0$ 在 F 上的伽罗瓦群是可换群.

例 25.1.2 求 $x^p - 1 = 0$,p 为素数,在 F 上的伽罗瓦群.

此时 $\mathbf{Z}'_p = \{\bar{1}, \bar{2}, \cdots, \overline{p-1}\}$ 是循环群(例 10.6.1),所以 $x^p - 1 = 0$ 在 F 上的伽罗瓦群是循环群.

例 25.1.3 当 F 包含所有 n 次单位根 $1, \zeta, \cdots, \zeta^{n-1}$ 时,求 $x^n - a = 0$,$a \in F$,$a \neq 0$,在 F 上的伽罗瓦群.

设 $\alpha^n - a = 0$,则 $x^n - a = 0$ 的 n 个不同根为 $\alpha, \alpha\zeta, \cdots, \alpha\zeta^{n-1}$,于是 $x^n - a = 0$ 的根域(n 型纯扩域) $E = F(\alpha, \zeta) = F(\alpha)$. 这里最后一步是因为 $\zeta \in F$. 于是 $\sigma \in G(E/F) = G$,由 $\sigma(\alpha)$ 确定. 按 $\sigma(\alpha) = \alpha\zeta^i$,以 σ 映射为 ζ^i 定义 $\phi: G \to G_n = \{1, \zeta, \cdots, \zeta^{n-1}\} = \langle \zeta \rangle$,则不难证明([8] p105)$\phi$ 是 G 到 $\operatorname{Im}\phi = \phi(G)$ 上的同构,因此 G 与循环群 $\langle \zeta \rangle$ 的一个子群同构,所以 G 是循环群,且 $|G| = m$ 是 n 的一个因子.

有了这些准备,我们再回到主题"方程的根式求解"上来.

§25.2 根式可解的数学含义

从方程 $x^2 + px + q = 0$ 得出它的解 $x = \dfrac{-p \pm \sqrt{p^2 - 4q}}{2}$，可看出"根式可解"的含义：

(i) 先有方程的基域 $F = \mathbf{Q}(p, q)$，在其中构成 $p^2 - 4q$，这是用方程的系数 p，q 等经域运算"+"、"−"、"×"、"÷"中的"×"和"−"运算得出的.

(ii) 构造 $\alpha = \sqrt{p^2 - 4q}$，或 $\alpha^2 = p^2 - 4q$，一般来说，$\alpha \notin F$，此时必须构造扩域 $E = F(\alpha)$.

(iii) 在 E 中构成 $\dfrac{-p \pm \alpha}{2}$，这就有了原方程的根. 一般情况下的根式可解，也是这个意思. 从方程的基域出发，利用域中的"+"、"−"、"×"、"÷"运算，得到一些量，再对它们进行开方运算，而得到扩域，再在扩域中进行域运算，得到一些新的量，再对这些新的量进行开方运算，使我们得到新的扩域……直到我们通过有限个这样的步骤得到原方程的根. 根（也即根域）在这一系列俄罗斯套娃式的域列之中，方程就根式可解了. 反过来说，如果所讨论的方程不存在这种域列，那么它就是根式不可解了. 于是对一般数域 F，研究 $F(d)$，$d^m \in F$，这种 m 型纯扩域（参见 §16.7）以及由这种扩域构成的域列就变得重要了.

§25.3 根式扩域与根式可解的精确数学定义

定义 16.7.2 给出的 F 上的根式塔 $F = F_1 \subseteq F_2 \subseteq \cdots \subseteq F_{r+1} = K$，其中每一个 F_{i+1}/F_i 都是一个纯扩域，就是上述一系列俄罗斯套娃式的域列的一个数学表述. 为了使根式塔与方程的根式求解联系起来，我们引入

定义 25.3.1 扩域 E/F 称为 F 上的一个根式扩域，如果存在 F 上的一个根式塔

$$F = F_1 \subseteq F_2 \subseteq \cdots \subseteq F_{r+1} = K,$$

而且 $E \subseteq K$.

例 25.3.1 $x^n - a \in F[x]$，在 F 上的根域 $E = F(d, \zeta)$，其中 $d^n = a$，ζ 为 $x^n = 1$ 的一个本原根. $F \subseteq E$ 不是根式塔，但由 $F = F_1 \subseteq F_2 = F_1(d) \subseteq F_3 = F_2(\zeta) = E = K$ 可知可以把 $F \subseteq E$ "加细"成为 F 上的一个根式塔，且由 $E = K$ 可知此时的 E/F 可以看成是 F 上的一个根式扩域.

有了上述定义及上一节讨论的"根式可解"的数学含义,我们把定义 25.3.1 中的 F 和 E 分别取为 $f(x) \in F[x]$ 的基域和根域,就有

定义 25.3.2 多项式 $f(x) \in F[x]$ 在 F 上是根式可解的,当且仅当其根域 E 是其基域 F 上的一个根式扩域.

它表述的意义是很清楚的:若 $f(x)$ 可根式可解,则按§25.2所述,它的任一根应在某些 F_i 之中,因此在 K 之中,从而有 $E \subseteq K$. 反过来,若 $E \subseteq K$,则 E 的每一个元(尤其是方程的各根)都可以从 F 的元(尤其是方程的各系数)出发,经过有限步的域运算和开方运算得到,而这就是"根式可解"了. 其实在§17.3 中,我们也已遇到过相似的情况. 只不过当时的可作数仅是一个数,而现在有许多根,因而有根域. 另外,当时是清一色的 2 型纯扩域,而这里随情况不同,各种 m 型纯扩域都有可能出现.

至于定义中为何不要求 $E = F_{r+1} = K$ 呢? 这将在§26.5中阐明. 不过一般来说上述 $F_{r+1} = K$ 不一定是 F 的一个正规扩域. 然而按§22.3所述,我们可以先求得 K 的正规闭包 $\bar{K}$,再按 K/F 的原来的根式塔,对 $\bar{K}/F$ 构造出一个新的根式塔,使得 $F \subseteq E \subseteq K \subseteq \bar{K}$([8] p110). 于是,不失一般性,可假定义25.3.1 中的,以及定义 25.3.2 中隐含的 $F_{r+1} = K$ 是 F 的正规扩域,因而也就可以应用伽罗瓦理论了. 我们在§25.5中将用到这一点.

§25.4 循环扩域与拉格朗日预解式

曾经在定理 21.2.1 中出现过:"素数阶循环群",而在例 25.1.3 的条件下,与 $x^n - a = 0$ 型方程有关的伽罗瓦群又是循环群. 为此我们引入

定义 25.4.1 设 E/F 是正规扩域,若 $G(E/F)$ 是循环群,且 $|G(E/F)| = n$,则称 E 是 F 的一个 n 次循环扩域.

依此,我们把例 25.1.3 的结果表示为:

定理 25.4.1 若 $n \in \mathbf{N}^*$,且域 F 含有所有的 n 次单位根,而 E 是 $x^n - a$ 在 F 上的根域,其中 $a \in F$,$a \neq 0$,则 $G(E/F)$ 必是 m 阶循环群,其中 $m|n$. 也就是说 E 是 F 的一个 m 次循环扩域.

现在我们假设:域 F 包含所有的 n 次单位根 1,ζ,$\cdots$,ζ^{n-1},而 E 是 F 的一个 n 次循环扩域,即 $G(E/F)$ 是 n 阶循环群,看看能得到些什么?

首先循环扩域必定是正规扩域,因而它是有限扩域(定义 22.2.1),因此 E 是 F 的有限扩域,有 $E = F(\theta)$(定理 16.5.1). 令 $G(E/F) = \langle \phi \rangle = \{1, \phi, \cdots,$

$\phi^{n-1}\}$，按下列方式定义由 ζ^k 与 θ 确定的拉格朗日预解式（参见§6.1）

$$(\zeta^k, \theta) = \sum_{i=0}^{n-1} \zeta^{ki} (\phi^i \theta) \in E, \qquad (25.1)$$

计算出所有 (ζ^k, θ) 的和，有（[12] p236）

$$\theta = \frac{1}{n} \sum_{k=0}^{n-1} (\zeta^k, \theta), \qquad (25.2)$$

而 ϕ 使 F 不变，有 $\phi(\zeta^i) = \zeta^i$，由此可得：

$$\phi(\zeta^k, \theta) = (\zeta^k, \phi\theta) = \zeta^{-k}(\zeta^k, \theta), \quad \phi(\zeta^k, \theta)^n = (\zeta^k, \theta)^n. \quad (25.3)$$

因此，ϕ 使 $d_k = (\zeta^k, \theta)^n$ 不变. 于是 $G(E/F)$ 中所有元都使 d_k 不变，因而 $d_k \in F$，$k = 0, 1, \cdots, n-1$. 现在就用这些 d_k 递推地构造 F 上的一个根式塔：

令 $F_0 = F$，F_1 为 F_0 上的 $x^n - d_0$ 的根域，F_2 为 F_1 上的 $x^n - d_1$ 的根域，$\cdots\cdots$，F_n 为 F_{n-1} 上的 $x^n - d_{n-1}$ 的根域，于是有域列

$$F = F_0 \subseteq F_1 \subseteq F_2 \cdots \subseteq F_{n-1} \subseteq F_n, \qquad (25.4)$$

但 $d_k = (\zeta^k, \theta)^n$，或 (ζ^k, θ) 是满足 $x^n - d_k = 0$ 的某一个根，以及 F_{i+1} 是 F_i 上 $x^n - d_i$ 的根域，所以 F_1 包含 (ζ^0, θ)，F_2 包含 (ζ^0, θ)，(ζ^1, θ)，$\cdots$. 于是 F_n 包含 (25.2) 的 θ. 考虑到可以把 (25.4) 假设成根式塔（参见例 25.3.1），以及 $E = F(\theta) \subseteq F_n$，这就得出 E 是 F 的一个根式扩域. 从而有

定理 25.4.2 若 E/F 是一个正规扩域，$G(E/F)$ 是一个 n 阶循环群，即 E 是 F 的一个 n 次循环扩域，当 F 包含所有的 n 次单位根时，则 E 是 F 的一个根式扩域.

由此及定义 25.3.2，有：

定理 25.4.3 设 $f(x) \in F[x]$ 的根域 E 是其基域 F 的一个 n 次循环扩域，且 F 包含所有的 n 次单位根，其中 $n = |G(E/F)|$，那么 $f(x)$ 是根式可解的.

例 25.4.1 用伽罗瓦理论解二次方程 $f(x) = x^2 + px + q = 0$.

此时基域 $F = \mathbf{Q}(p, q)$. 设 $f(x)$ 在 F 上是不可约的，它的两个根为 α_1, α_2，则 $\alpha_1 + \alpha_2 = -p$，$\alpha_1 \cdot \alpha_2 = q$. 于是它的根域 $E = F(\alpha_1, \alpha_2) = F(\alpha_1, -p - \alpha_1) = F(\alpha_1)$. 而 $|G(E/F)| = [E:F] = 2$，则 $G(E/F) = \{1, \phi\}$ 是循环群，其中 $\phi(\alpha_1) = \alpha_2$（定理 23.4.1）. F 当然包含了 $x^2 - 1 = 0$ 的根 ± 1. 因此 $f(x)$ 是根式可解的. 把 (25.1) 的 θ 取为 α_1，则有拉格朗日预解式 [参见 (6.2)]：

$$(1, \alpha_1) = \alpha_1 + \phi(\alpha_1) = \alpha_1 + \alpha_2 = -p \in F,$$
$$(-1, \alpha_1) = \alpha_1 - \phi(\alpha_1) = \alpha_1 - \alpha_2 = \xi. \qquad (25.5)$$

于是 $d_0 = (1, \alpha_1)^2 = p^2 \in F$, $d_1 = (-1, \alpha_1)^2 = \xi^2 = (\alpha_1 - \alpha_2)^2 = p^2 - 4q \in F$. 因此 $\xi = \pm\sqrt{p^2 - 4q}$. 最后由(25.5)可得 $\alpha_{1,2} = -\dfrac{p}{2} \pm \dfrac{\sqrt{p^2 - 4q}}{2}$. 当然, 能这样解是因为有根式塔 $F = F_0 \subseteq F_1 = F(\sqrt{d_0}) \subseteq F_2 = F_1(\sqrt{d_1}) = E$, 因而有下列根式求解的过程:

$$F = F_0 \quad \subseteq \quad F_1 = F(p) = F \quad \subseteq \quad F_2 = F_1(\sqrt{p^2 - 4q}) \quad = \quad F(\sqrt{p^2 - 4q}) = E$$

$$p, q \quad \to \quad p^2 - 4q \quad \to \quad \sqrt{p^2 - 4q} \quad \to \quad \frac{p}{2} \pm \frac{\sqrt{p^2 - 4q}}{2}.$$

$$(25.6)$$

这与 §25.2 所述一致. 不过这种方法有很大的局限性: 要求 $G(E/F)$ 是循环群. 例如, S_3 就不是循环群, 所以一般三次方程就不能用这一方法来根式求解(参见 §25.8).

§25.5 多项式方程根式可解的必要条件

我们要阐明: $k(>0)$ 次多项式 $f(x) \in F[x]$ 是根式可解的, 那么它的伽罗瓦群是可解群. 首先, 由定义 25.3.2, 有 F 上的根式塔

$$F = F_1 \subseteq F_2 \subseteq \cdots \subseteq F_i \subseteq F_{i+1} \subseteq \cdots \subseteq F_{r+1} = K, \ E \subseteq K. \quad (25.7)$$

其中 $F_{i+1} = F_i(d_i)$, $d_i^{n_i} = a_i \in F_i$, $i = 1, 2, \cdots, r$, 而 E 是 $f(x)$ 在 F 上的根域, 即 E 是 F 上的一个根式扩域. 再者, 不失一般性, 可以认为 $F_{r+1} = K$ 是 F 的正规扩域(参见 §25.3). 于是有 $G(K/F)$ 及伽罗瓦对应:

$$G(K/F) = G_1 \supsetneqq G_2 = G(K/F_2) \supsetneqq \cdots \supsetneqq G_i = G(K/F_i) \supsetneqq G_{i+1}$$
$$= G(K/F_{i+1}) \supsetneqq \cdots \supsetneqq G_{r+1} = G(K/K) = \{e\}. \quad (25.8)$$

这是 $G(K/F)$ 的一个子群列, 但我们却无法由此证明 $G(K/F)$ 是可解群. 于是我们只能采取"迂曲的"方法. 由例 25.1.3 或定理 25.4.1 可知: 对于 $x^n - a \in F[x]$ 的根域(n 型纯扩域)E, 只要基域 F 包含了所有 n 次单位根, 则 $G(E/F)$ 为循环群. 而(25.7)中的 F_2, F_3, $\cdots$, F_{r+1} 分别是相应的 n_1, n_2, $\cdots$, n_r 型纯扩域, 于是我们可以把(25.7)改造一下: 把一些本原根添加到(25.7)里的每个 F_i 中去, 方法如下.

求出 n_1, n_2, $\cdots$, n_r 的最小公倍数 n, 设 ε 是一个 n 次本原根, 于是把 ε 添加到(25.7)里的各 F_1, F_2, $\cdots$, F_{r+1} 中去, 即构造

$$K_i = F_i(\varepsilon),\ i = 1, 2, \cdots, r+1,\ \text{以及}\ K_0 = F = F_1. \tag{25.9}$$

因此有

$$F = K_0 \subseteq K_1 = F_1(\varepsilon) \subseteq K_2 = F_2(\varepsilon) \subseteq \cdots \subseteq K_i = F_i(\varepsilon) \subseteq \cdots \subseteq K_{r+1} = K(\varepsilon) = L. \tag{25.10}$$

我们先来讨论(25.10)具有的一些良好性质,并由此推出 $G(K/F)$ 是可解群.

(i) L 是 $F = K_0$ 的正规扩域. 这是因为 K 是 F 的正规扩域,由此可知,存在 $g(x) \in F[x]$,使得 K 是 $g(x)$ 在 F 上的根域(定理 22.3.1). 从 ε 是 n 次本原根,可知 ε 的各方幂给出了 $x^n - 1 = 0$ 的全部根. 因此 L 就是 $g(x)(x^n - 1) \in F[x]$ 在 F 上的根域. 这样就得到 L 必定是 F 的正规扩域. 因此有 $G(L/F)$.

(ii) L 也是各 K_i 的正规扩域(参见 §22.3),因此有 $G(L/K_i)$,$i = 1$, $2, \cdots, r+1$ 及伽罗瓦对应

$$G(L/K_0) = H_0 \supseteq G(L/K_1) = H_1 \supseteq \cdots \supseteq G(L/K_i) = H_i \supseteq G(L/K_{i+1}) = H_{i+1} \supseteq \cdots$$
$$\supseteq G(L/L) = H_{r+1} = \{e\}. \tag{25.11}$$

(iii) $\varepsilon \in K_i$,$i = 1, 2, \cdots, r+1$,又 $n_i \mid n$,所以 $\varepsilon^{\frac{n}{n_i}} \in K_i$. $\varepsilon^{\frac{n}{n_i}}$ 是 n_i 次本原根,所以 K_i 含有 n_i 次本原根.

(iv) $K_1 = F_1(\varepsilon) = F(\varepsilon)$,于是 K_1 是 $x^n - 1$ 在 $K_0 = F$ 上的根域. 由例 25.1.1 可知,$G(K_1/F)$ 是可换群. 再者 $K_2 = F_2(\varepsilon) = F_1(d_1)(\varepsilon) = F_1(\varepsilon)(d_1) = K_1(d_1)$. 又 $d_1^{n_1} = a_1 \in F_1 \subset K_1$,于是 K_1 包含了 n_1 次本原根,且 K_2 又是 $x^{n_1} - a_1 \in K_1[x]$ 在 K_1 上的根域,由例 25.1.3 可知 $G(K_2/K_1)$ 是可换群. 类似地,可以证明在(25.10)中 K_{i+1} 是 $x^{n_i} - a_i \in K_i[x]$ 在 K_i 上的一个根域(因而 K_{i+1} 是 K_i 的一个正规扩域). 因此有 $G(K_{i+1}/K_i)$,且它们都是可换群.

(v) 考虑伽罗瓦对应图

$$K_i \subseteq K_{i+1} \subseteq K_{r+1} = K(\varepsilon) = L$$
$$H_i = G(L/K_i) \supseteq H_{i+1} = G(L/K_{i+1}) \supseteq H_{r+1} = G(L/L) = \{e\}, \tag{25.12}$$

由 K_{i+1} 是 K_i 的正规扩域得出 $G(L/K_i) \rhd G(L/K_{i+1})$(定理 24.2.2),所以 (25.11)成为

$$G(L/K_0) \rhd G(L/K_1) \rhd \cdots \rhd G(L/K_i) \rhd G(L/K_{i+1}) \rhd \cdots \rhd G(L/L) = \{e\}. \tag{25.13}$$

其中各因子,由定理 24.2.2 可知

$$G(L/K_i)/G(L/K_{i+1}) \approx G(K_{i+1}/K_i). \qquad (25.14)$$

于是,由(iv)可知这些因子都是可换群.因此(25.13)就是 $G(L/K_0) = G(K(\varepsilon)/K_0)$ 的一个可解群列,因而 $G(K(\varepsilon)/K_0)$ 就是可解群.

(vi) 不过,我们要证明的是 $G(E/F)$ 是可解群.由于 E 是 $f(x)$ 在 F 上的根域,且 $E \subseteq K \subseteq K(\varepsilon)$,这就要去考虑下列伽罗瓦对应图:

$$\begin{array}{ccccc} F & \subseteq & E & \subseteq & K(\varepsilon) \\ G(K(\varepsilon)/F) & \rhd & G(K(\varepsilon)/E) & \rhd & \{e\} \end{array} \qquad (25.15)$$

由定理 24.2.2,有

$$G(K(\varepsilon)/F)/G(K(\varepsilon)/E) \approx G(E/F), \qquad (25.16)$$

而由(v)知 $G(K(\varepsilon)/F) = G(K(\varepsilon)/K_0)$ 是可解群,而可解群的商群是可解群(定理 21.2.2),所以(25.16)的左边是可解群.因此, $G(E/F)$ 是可解群.这样,我们就证得了

定理 25.5.1　多项式 $f(x) \in F[x]$ 可根式求解的必要条件是 $f(x)$ 在 F 上的伽罗瓦群是可解群.

而由定理 21.3.2,即有:

定理 25.5.2　(鲁菲尼-阿贝尔)四次以上的一般的多项式方程不存在求根公式.

§25.6　$2x^5 - 10x + 5 = 0$ 不可根式求解

一般的五次多项式方程是不可根式求解的,那么数字系数的五次方程呢?对于 $f(x) = 2x^5 - 10x + 5 \in \mathbf{Q}[x]$,及其根域 $E = \mathbf{Q}(\alpha_1, \alpha_2, \cdots, \alpha_5)$,已知的是 $f(x)$ 在 $\mathbf{Q}$ 上是不可约的(例 13.2.1),且 $G(E/\mathbf{Q}) = G$ 是 S_5 的一个子群(定理 23.5.3).现在又有以下推断:

(i) 由图 25.6.1 所示的 $\dfrac{1}{5} f(x)$ 可知, $f(x)$ 有 2 个共轭复根 α_1, α_2 以及 3 个实根 α_3, α_4, α_5.

(ii) 一定存在 $\sigma_i \in G$, $i = 1, 2, \cdots, 5$,使得 $\sigma_i(\alpha_1) = \alpha_i$,即 G 是 S_5 的一个可迁子群(参见 §20.6).否则的话, α_1 在 G 作用下得出的像集合 $\{\alpha_1, \alpha', \cdots, \alpha''\}$ 应是 $\{\alpha_1, \alpha_2, \cdots, \alpha_5\}$ 的

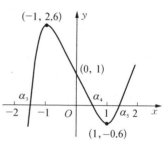

图 25.6.1

一个真子集合,于是构造 $g(x) = (x-\alpha_1)(x-\alpha')\cdots(x-\alpha'')$,则 $g(x)$ 在 G 的作用下不变(定理 10.2.1),因而 $g(x)$ 的各系数在 G 下不变,它们应属于 $\mathbf{Q}$,即 $g[x] \in \mathbf{Q}[x]$. 这样就有 $g(x) \mid f(x)$,这就与 $f(x)$ 在 $\mathbf{Q}$ 上是不可约的矛盾了.

(iii) $\operatorname{Aut} E$ 中有复共轭运算 $\phi \in G$,即 $\phi(\alpha_1) = \alpha_2$,$\phi(\alpha_2) = \alpha_1$,$\phi(\alpha_i) = \alpha_i$,$i = 3, 4, 5$,因此 G 中有对换 (12).

(iv) 据(ii),(iii)及定理 20.6.1,可得 $G(E/F) = S_5$,因此它是不可解群. 由此可知 $f(x)$ 不可根式求解. 不难把上述情况推广到更一般的情况中去:

定理 25.6.1 设 $f(x) \in \mathbf{Q}[x]$ 是一个素数 p 次不可约多项式,如果 $f(x)$ 有 $p-2$ 个实根,则 $f(x)$ 在 $\mathbf{Q}$ 上的伽罗瓦群同构于 S_p. 因此当 $p \geqslant 5$ 时,$f(x)$ 不能用根式求解.

这是伽罗瓦得到过的一个重要成果.

§25.7　多项式方程根式可解的充分条件

我们来证明定理 25.5.1 的逆定理:设 $f(x)$ 的基域是 F,根域是 E,若伽罗瓦群 $G(E/F) = G$ 是可解群,则 $f(x)$ 在 F 上是可根式求解的. 我们也不得不采用"迂曲的"方法来证明.

(i) 由定义 25.3.2 可知"根式可解"与"根式扩域"有关,而定理 25.4.2 又表明后者与循环扩域以及 n 次单位根有关. 所以由 F 和 E 构造

$$F_0 = F, \ F_1 = F_0(\zeta), \ K = E(\zeta) \tag{25.17}$$

其中 ζ 是一个 n 次本原根,$n = |G| = [E:F]$.

(ii) 设 $f(x)$ 的根为 α_1, α_2, $\cdots$, α_k,对 $E = F(\alpha_1, \alpha_2, \cdots, \alpha_k)$ 有 $f(x)$ 在 F 上的伽罗瓦群 $G(E/F)$. 而 $K = E(\zeta) = F(\alpha_1, \cdots, \alpha_k)(\zeta) = F(\zeta)(\alpha_1, \cdots, \alpha_k) = F_1(\alpha_1, \cdots, \alpha_k)$,按 $f(x) \in F_1[x]$ 则可得 $f(x)$ 在 F_1 上的伽罗瓦群 $G(K/F_1)$.

(iii) 对于 $\sigma \in G(K/F_1)$ 把 σ 限制在 $E \subset K$ 上(参见 §9.2),则有 σ_E. 由于 σ 使 F_1 不变,故 σ 使 F 不变,因此 σ_E 使 F 不变. 于是 $\sigma_E \in G(E/F)$. 以 σ 映射为 σ_E 来定义 $\phi: G(K/F_1) \to G(E/F)$. 不难证明 ϕ 是一个群的同态映射,而且若 $\tau \in \operatorname{Ker}\phi$,当且仅当 $\tau_E = E$ 上的恒等映射. 而 τ_E 是 E 上的恒等映射的充要条件是 $\tau(\alpha_i) = \alpha_i$,$1 \leqslant i \leqslant k$,而最后一点又等价于 τ 是 K 上的恒等映射. 因此 $\operatorname{Ker}\phi = \{e\}$,即 ϕ 为单射. 于是 $G(K/F_1)$ 同构于 $G(E/F)$ 的一个子群,且 $|G(K/F_1)| \mid |G(E/F)|$.

(iv) 由于 $G(E/F)$ 是可解群,所以 $G(K/F_1)$ 也是可解群. 于是按定理

21.2.1, 对 $G(K/F_1)$ 有

$$G(K/F_1) = H_1 \triangleright H_2 \triangleright \cdots \triangleright H_i \triangleright H_{i+1} \triangleright \cdots \triangleright H_{r+1} = \{e\}. \qquad (25.18)$$

其中 H_i/H_{i+1} 为 p_i 次循环群, $H_i = G(K/F_i)$. 这时对应的域列为

$$F_1 \subseteq F_2 \subseteq \cdots \subseteq F_i \subseteq F_{i+1} \subseteq \cdots \subseteq F_{r+1} = K. \qquad (25.19)$$

由 $H_i = G(K/F_i)$ 可知 $H_i/H_{i+1} = G(K/F_i)/G(K/F_{i+1}) \approx G(F_{i+1}/F_i)$ 是 p_i 次循环群. 因此 F_{i+1} 是 F_i 的一个 p_i 次循环扩域(定义 25.4.1), $i = 1, 2, \cdots, r$.

(v) 由 $|H_i/H_{i+1}| = p_i$, 有 $|H_i| / |H_{i+1}| = p_i$ (例 10.5.4). 另外从 $|H_i| \,\big|\, |H_1|$ 可知 $p_i \big| |H_1|$. 再者,由(iii)知 $|G(K/F_1)| \,\big|\, |G(E/F)|$, 所以 $|H_1| \,\big|\, n$. 于是最后有 $p_i \mid n$.

(vi) 由 n 次本原根 $\zeta \in F_1$, 以及(v)可知, p_i 次本原根 $\zeta^{\frac{n}{p_i}} \in F_1 \subset F_i$. 于是由定理 25.4.2 可知 F_{i+1} 是 F_i 的一个根式扩域,而且 $F_1 = F_0(\zeta)$, 即 F_1 是 $x^n - 1$ 在 F_0 上的根域,因此 F_1 是 F_0 的一个根式扩域(例 25.3.1),所以最后从

$$F = F_0 \subseteq F_1 \subseteq F_2 \subseteq \cdots \subseteq F_{r+1} = K, \qquad (25.20)$$

以及 $E \subseteq E(\zeta) \subseteq K$, 就可得出: F_{i+1} 中的元可以用 F_i 中的元通过域运算或开方运算得出(定义 25.3.1), $i = 0, 1, \cdots, r$. 于是 F_{r+1} 中的元(尤其是 E 中的元)可以一步步地用 F_0 中的元通过域运算及开方运算而得出,即 $f(x)$ 在 F 上是根式可解的(参见§25.2). 于是有:

定理 25.7.1　设 $f(x) \in F[x]$, 如果它在 F 上的伽罗瓦群是可解群,那么它在 F 上是根式可解的.

综合这一定理和定理 25.5.1,我们最后有:

定理 25.7.2(伽罗瓦判别定理)　设 $f(x) \in F[x]$, 则 $f(x)$ 在 F 上根式可解的必要充分条件是 $f(x)$ 在 F 上的伽罗瓦群是可解群.

例 25.7.1　因为 S_3 和 S_4 都是可解群,所以一般三次(参见§25.8)和四次方程都是根式可解的.

例 25.7.2　$x^n - 1 = 0$ 有指数式或三角式解(参见§4.4). 在§7.2,我们求出了 $n = 5, 7$ 等情况下 $x^n - 1$ 的根式解,现在就一般 n 来讨论. 由例 25.1.1 可知 $x^n - 1$ 在 $\mathbf{Q}$ 上的伽罗瓦群是可换群,因此是可解群. 由此证得 $x^n - 1$ 在 $\mathbf{Q}$ 上是根式可解. 这与高斯当初的方法相比,真是如汤沃雪了(比较§27.4与§27.5).

就这样,百余年来的多项式根式求解问题最终由伽罗瓦优美彻底地解决了. 以他命名的伽罗瓦理论从此诞生了,其中群论和域论如水乳交融,交相辉映. 一

118

路走来,迂回曲折,难怪当时的那些审评大师们如堕五里雾中."就伽罗瓦的概念和思想的独创性和深刻性而言,任何人都是不能与他相比的."法国数学家毕卡(C. É. Picard, 1856—1941)在 1879 年评述 19 世纪数学成就时如是说.

§25.8　用伽罗瓦理论解三次方程

我们讨论下列一般三次方程的解:

$$x^3 + rx^2 + px + q = 0. \tag{25.21}$$

(i) 我们一开始便把 $x^3 - 1$ 的根 1, $\omega = \dfrac{-1+\sqrt{-3}}{2}$, ω^2 加到该方程的基域中去,即令 F 含有 r, p, q 及 $\sqrt{-3}$. 令 α_1, α_2, α_3 是(25.21)的根,则有 $E = F(\alpha_1, \alpha_2, \alpha_3)$,且 $G(E/F) = G \approx S_3$.

(ii) $G = S_3 \rhd A_3 \rhd \{e\}$ 是 G 的一个可解群列,且相应的域列为 $F \subset B \subset E$,其中 $B = \mathrm{Inv}\, A_3$,或 $A_3 = G(E/B)$ 是一个 3 阶循环群. B 当然是 F 的一个正规扩域,且 E 是 B 的一个 $|A_3| = 3$ 次循环扩域.

(iii) 定义 $\Delta = (\alpha_1 - \alpha_2)(\alpha_2 - \alpha_3)(\alpha_3 - \alpha_1)$, Δ 在偶置换构成的 $A_3 = \{\langle 1 \rangle$, (123), $(132)\}$ 下不变,所以 $\Delta \in B$. 但 Δ 在 S_3 的奇置换下变为 $-\Delta$,因此 $\Delta \notin F$. 不过 $D = \Delta^2$ 在 S_3 不变,即 $D \in F$,且 D 可用 α_1, α_2, α_3 的初等对称多项式来表示. 事实上,$\alpha_1 + \alpha_2 + \alpha_3 = -r$, $\alpha_1\alpha_2 + \alpha_2\alpha_3 + \alpha_3\alpha_1 = p$, $\alpha_1 \cdot \alpha_2 \cdot \alpha_3 = -q$,经过冗长的计算可得(参见附录 3)

$$D = -4r^3q - 27q^2 + 18rpq - 4p^3 + r^2p^2. \tag{25.22}$$

(iv) 由 $\Delta \notin F$, $\Delta \in B$,构成 $F(\Delta)$,则 $F \subset F(\Delta) \subseteq B$. 而 $D = \Delta^2 = a \in F$,于是 Δ 是 $x^2 - a$, $a \in F$ 的根,所以 $[F(\Delta) : F] = 2$. 又由 $G(B/F) = G(E/F)/G(E/B) \approx S_3/A_3$ 可得 $[B : F] = |G(B/F)| = |S_3| / |A_3| = 2$,因此 $B = F(\Delta)$.

(v) 如果 α_1, α_2, α_3 全部属于 B,则 $B = E$,这就矛盾了. 故设 $\alpha_1 \notin B$,构造 $B(\alpha_1) \supset B$. 因为 $|A_3| = 3$,故在 $A_3 \rhd \{e\}$ 中间不能再插入任何不同于 A_3 或 $\{e\}$ 的子群了;在 B 与 E 之间也不能再插入任何不同于 B 或 E 的子域了. 因此 $B(\alpha_1) = E$. 这样,域列 $F \subset B \subset E$,就成为 $F \subset B = F(\Delta) \subset E = B(\alpha_1)$.

(vi) 由 1, ω, $\omega^2 \in B$,且 E 为 B 的 3 次循环扩域,所以按 §25.4 来定义,由 1, ω, ω^2 与 α_1 确定的拉格朗日预解式,类似于(25.5),从 $G(E/B) = A_3 = \langle \phi \rangle$,其中 $\phi = (123)$,有(比较(5.4),(6.7),(6.8)):

$$(1, \alpha_1) = \alpha_1 + \alpha_2 + \alpha_3 = -r,$$
$$(\omega, \alpha_1) = \alpha_1 + \omega\alpha_2 + \omega^2\alpha_3 = \xi_1, \qquad (25.23)$$
$$(\omega^2, \alpha_1) = \alpha_1 + \omega^2\alpha_2 + \omega\alpha_3 = \xi_2,$$

且 ξ_1^3, ξ_2^3 应属于 B. 事实上经计算有

$$\xi_1^3 = -r^3 - \frac{9}{2}(-rp+3q) - \frac{3}{2}\sqrt{-3}\Delta, \quad \xi_2^3 = -r^3 - \frac{9}{2}(-rp+3q) + \frac{3}{2}\sqrt{-3}\Delta$$

$$(25.24)$$

$$\xi_1 \cdot \xi_2 = r^2 - 3p.$$

（vii）从(25.23)有(25.21)的解：

$$\alpha_1 = \frac{1}{3}(-r+\xi_1+\xi_2), \ \alpha_2 = \frac{1}{3}(-r+\omega^2\xi_1+\omega\xi_2), \ \alpha_3 = \frac{1}{3}(-r+\omega\xi_1+\omega^2\xi_2).$$

$$(25.25)$$

（viii）令 $r=0$，则有简化方程 $x^3 + px + q = 0$，此时，从(25.22)有：

$$D = -27q^2 - 4p^3 = -108\left(\frac{q^2}{4} + \frac{p^3}{27}\right). \qquad (25.26)$$

而从(25.24)有

$$\xi_{1,2}^3 = -\frac{27}{2}q \mp \frac{3}{2}\sqrt{-3} \cdot \sqrt{-27q^2 - 4p^3}, \quad \xi_1 \cdot \xi_2 = -3p, \quad (25.27)$$

于是在(25.25)中,取 $r=0$,就给出卡尔达诺公式

$$\alpha_{1,2,3} = \varepsilon \sqrt[3]{\frac{-q}{2} + \frac{1}{18}\sqrt{-3D}} + \varepsilon^2 \sqrt[3]{\frac{-q}{2} - \frac{1}{18}\sqrt{-3D}} \qquad (25.28)$$

其中 $\varepsilon^3 = 1$,即 $\varepsilon = 1, \omega, \omega^2$.

第二十六章

三次实系数不可约方程有 3 个实根时的"不可简化情况"

§26.1 从判别式看根的情况

我们讨论 $f(x) = x^3 + px + q = 0$, $p, q \in \mathbf{R}$. 此时基域为 $F = \mathbf{Q}(p, q)$, 根域为 $E = F(\alpha_1, \alpha_2, \alpha_3)$. 我们把 §25.8 定义的

$$D = [(\alpha_1 - \alpha_2)(\alpha_2 - \alpha_3)(\alpha_3 - \alpha_1)]^2, \qquad (26.1)$$

称为三次方程的判别式. 于是根据 3 个根 $\alpha_1, \alpha_2, \alpha_3$ 可能出现的情况：(i) 3 个根都是实根，且两两不等，则 $D > 0$；(ii) 3 个都是实根，且至少有两个相等，则 $D = 0$；(iii) 有一个实根与一对共轭复根，则 $D < 0$. 因此有

定理 26.1.1 三次实系数方程 $f(x) = x^3 + pq + q = 0$, 如果 (26.1) 的 $D > 0$, 则 $f(x)$ 有 3 个两两不同的实根.

§26.2 不可简化情况

设 $f(x)$ 在 F 上是不可约的，因此它在 F 上没有重根(参见附录 4). 如果此时 $D > 0$, 可知它有 3 个两两不同的实根. 但由卡尔达诺公式(25.28)可知，这时必须通过纯虚数 $\sqrt{-3D}$ 才能得出 3 个实数根 $\alpha_1, \alpha_2, \alpha_3$, 这曾被认为是卡尔达诺公式的一大缺点. 自 16 世纪以来，就一直有数学家致力于改造卡尔达诺公式,想方设法避开复数，直接得到实根，但都失败了，这就是有名的"不可简化情况". 不过，这些努力也非白费，它使人们对复数的认识更加清楚([5]). 下面我们用伽罗瓦理论来讨论这一问题.

§26.3　根　域　的　表　达

由 $D>0$，定义 $K=F(\sqrt{D},\alpha_1)$，我们要证明 K 就是根域 $E=F(\alpha_1,\alpha_2,\alpha_3)$. 首先，从 $\sqrt{D}=\pm\Delta=\pm(\alpha_1-\alpha_2)(\alpha_2-\alpha_3)(\alpha_3-\alpha_1)\in E$ 可知 $E\supseteq K$. 其次，

$$(\alpha_1-\alpha_2)(\alpha_1-\alpha_3)=\alpha_1^2-(\alpha_2+\alpha_3)\alpha_1+\alpha_2\alpha_3,\ \alpha_2+\alpha_3=-\alpha_1,\ \alpha_2\alpha_3=\frac{q}{\alpha_1},\ \text{有}$$

$(\alpha_1-\alpha_2)(\alpha_1-\alpha_3)\in K$. 于是 $\alpha_2-\alpha_3=\pm\dfrac{\sqrt{D}}{(\alpha_1-\alpha_2)(\alpha_3-\alpha_1)}\in K$. 又由于 $\alpha_2+\alpha_3=-\alpha_1\in K$，所以 $\alpha_2,\alpha_3\in K$. 因此 $E=K$，即

定理 26.3.1　设 $f(x)\in F[x]$ 在 $F=\mathbf{Q}(p,q)$ 上是不可约的，它的根为 $\alpha_1,\alpha_2,\alpha_3$，且其判别式 $D>0$，那么它的根域 $E=F(\alpha_1,\alpha_2,\alpha_3)=F(\sqrt{D},\alpha_1)$.

§26.4　$x^p-a=0,\ a\in\mathbf{R}$ 型方程

若 $m\in\mathbf{N}^*$，且 m 是一合数，即 $m=r\cdot s$，那么 $a^{\frac{1}{m}}=(a^{\frac{1}{r}})^{\frac{1}{s}}$. 由此，任意开方运算都可以由一系列的开素数次方的根号运算实现. 为了以下的应用，我们研究 $x^p-a\in K[x]$，其中域 $K\subset\mathbf{R}$，即 K 中的元都是实数——一个实域.

设 p 是一个素数. 首先 x^p-a 在 K 上是不可约，或可约的. 在后一种情况中，我们将证明 x^p-a 在 K 上有一次因式，即 x^p-a 在 K 中有一个根.

考虑方程 $x^p-1=0$ 与 $x^p-a=0$，设 ζ 是前者的一个本原根，u 是后者的任一根. 于是 $K(u,u\zeta,\cdots,u\zeta^{p-1})=K(\zeta,u)$ 就是 x^p-a 在 K 上的根域. 因此 x^p-a 在 $K(\zeta,u)$ 中就有下列因式分解

$$x^p-a=(x-u)(x-u\zeta)\cdots(x-u\zeta^{p-1}).\tag{26.2}$$

现假定 x^p-a 在 K 上可约，即在 K 上有一个正 m 次的真因式 $g(x)\in K[x]$，$m<p$. 于是 $g(x)$ 是 (26.2) 中 m 个 1 次因式的乘积. 因此 $g(x)$ 中的常数项 $b\in K$，且是 m 个具有 $u\zeta^i$ 形式的根的乘积，即存在 $k\in\mathbf{N}^*$，使得 $b=u^m\zeta^k$. 而 $u^p=a$，$\zeta^p=1$，就有 $b^p=(u^m\zeta^k)^p=(u^p)^m(\zeta^p)^k=a^m$.

再者，$m<p$，p 是素数，有 $(m,p)=1$，于是存在 $s,t\in\mathbf{Z}$，使得 $sm+tp=1$（参见附录 1）. 因此有

$$b^{ps}=a^{ms}=a^{1-tp}=\frac{a}{a^{tp}}.$$

于是 $b^{ps} \cdot a^{tp} = a$，因此

$$c^p = a. \tag{26.3}$$

其中 $c = b^s \cdot a^t$. 由 $a, b \in K$，即有 $c \in K$. 这样，就在 K 中找到了 $x^p - a$ 的根 c.

定理 26.4.1 设 $x^p - a$ 是实域 K 上的一个素数 p 次多项式，那么它或在 K 上不可约，或在 K 中有根，即它在 K 上有一次因式.

§26.5 实根要通过复数得到

有了这些准备，我们来证明

定理 26.5.1 设 $f(x) = x^3 + px + q \in F[x]$，$F = \mathbf{Q}(p, q) \subset \mathbf{R}$，$f(x)$ 在 F 上不可约，且 $D > 0$，那么就不存在 F 上的一系列实数值根式来得出 $f(x)$ 的求根公式.

我们用反证法：设根 α_1 可用在 F 上构建的一系列实数值根式表出，也即 $\alpha_1 \in L = F(\sqrt[r]{a}, \sqrt[s]{b}, \cdots, \sqrt[t]{d})$，其中 $\sqrt[r]{a}, \sqrt[s]{b}, \cdots, \sqrt[t]{d}$ 是实根式. 因为 $D = \Delta^2 > 0$，构造 $K = L(\sqrt{D})$，因此 $K \supseteq F(\sqrt{D}, \alpha_1)$. 于是，由定理 26.3.1 可知 $\alpha_2, \alpha_3 \in K$，即 α_2, α_3 也可用实数值根式表示. 域 K 是由添加有限个根式而成，而添加与次序无关（参见 (16.4)），所以可先添加 $\sqrt{D}$，从而有（参见 §26.4）：

$$F \subset K_1 = F(\sqrt{D}) \subset K_2 \subset \cdots \subset K_n = K \subset \mathbf{R}. \tag{26.4}$$

其中 $K_{i+1} = K_i(d_i^{\frac{1}{p_i}})$，$i = 1, 2, \cdots, n-1$，$d_i \in K_i$，$p_i$ 是素数. 同时我们还可假定 $d_i^{\frac{1}{p_i}} \notin K_i$，否则则不是真添加. 这等于说 $x^{p_i} - d_i$ 在 K_i 中无根. 于是根据定理 26.4.1 可知 $x^{p_i} - d_i$ 在 K_i 上是不可约的. 因此 $[K_{i+1}, K_i] = p_i$（定理 16.3.1）.

由上可知 $\alpha_1, \alpha_2, \alpha_3 \in K$. 因为 $f(x)$ 在 F 上是不可约的，所以 $\alpha_1, \alpha_2, \alpha_3 \notin F$. 又因为 $[F(\sqrt{D}):F] = 2$，而 $\alpha_1, \alpha_2, \alpha_3$ 在 F 上是 3 次的（参见 §16.2 和定理 16.3.1），所以 $\alpha_1, \alpha_2, \alpha_3 \notin F(\sqrt{D})$. 设在 (26.4) 中 K_{j+1} 是第一个有根出现的那个域. 不失一般性把这个根记作 α_1，即 $\alpha_1 \in K_{j+1}$. 令 $d_j = a$，$p_j = p$，则有

$$K_{j+1} = K_j(a^{\frac{1}{p}}). \tag{26.5}$$

因此 $[K_{j+1}, K_j] = p$. 又因为 $\alpha_1, \alpha_2, \alpha_3 \notin K_j$，所以 $f(x)$ 在 K_j 上仍是不可约，这说明 α_1 在 K_j 上是 3 次的. 因此 $3 \mid p$（§16.2）. 又因为 p 是素数，所以 $p = 3$，因此 $K_{j+1} = K_j(\sqrt[3]{a})$，$\sqrt[3]{a} \notin K_j$.

而 $\alpha_1 \in K_{j+1}$，$\sqrt{D} \in K_1 \subset K_{j+1}$，则由定理 26.3.1 可知 α_2，$\alpha_3 \in K_{j+1}$. 构造 $K_j(\alpha_1, \alpha_2, \alpha_3)$，有 $K_j(\alpha_1, \alpha_2, \alpha_3) \subseteq K_{j+1}$. 然后由 $[K_j(\alpha_1, \alpha_2, \alpha_3):K_j] \geqslant [K_j(\alpha_1):K_j] = 3$，及 $[K_{j+1}:K_j] = 3$，这就有 $K_j(\alpha_1, \alpha_2, \alpha_3) = K_{j+1}$. 于是把 K_j 看成是 $f(x)$ 基域，则 $f(x)$ 在其上的根域为 K_{j+1}. 所以 K_{j+1} 是 K_j 的正规扩域. 而 K_{j+1} 含有 K_j 上不可约方程 $x^3 - a = 0$ 的一个根 $\sqrt[3]{a}$，因此就含有 $\omega \sqrt[3]{a}$，$\omega^2 \sqrt[3]{a}$. 于是 ω，$\omega^2 \in K_{j+1}$，这就与 K_{j+1} 是实域矛盾了. 所以在给定的条件下，$f(x)$ 的实根 α_1 不可能被包含在 F 的一个实根式扩域(26.4)之中. 换言之，三次方程 $f(x)$ 是根式可解的，此时必须有一些由复数构成的域来给出根式扩域

$$F = F_1 \subseteq F_2 \subseteq \cdots \subseteq F_{r+1} \subseteq \mathbf{C}; \quad E \subseteq F_{r+1}, \tag{26.6}$$

即必须通过复数，才能得到实根！这也表明了在定义 25.3.1 和 25.3.2 中，我们是要求 $E \subseteq F_{r+1}$，而不是 $E = F_{r+1}$，否则因为 E 是实域，$F_{r+1}(= E)$ 也应是实域，则(26.4)就是实根式域构成的一个域链了.

第二十七章

正 n 边形尺规作图的充分条件

§27.1 正 n 边形尺规作图必要条件的回顾与充分条件的提出

在§19.4中,我们已得出了正 q 边形(q 是一个素数)可尺规作图的必要条件: q 是 $2^r + 1$ 型的一个奇素数. 在本章中,我们将用伽罗瓦理论证明,这个条件也是充分的,即设 $q = 2^r + 1$ 是奇素数,那么就可以用尺规作出 $\theta_q = 2\pi/q$, 或等价地 $\cos\theta_q$.

此时的分圆方程是 $x^q - 1 = 0$(参见§7.2),根为 1, ζ_q, ζ_q^2, $\cdots$, ζ_q^{q-1}, 其中 $\zeta_q = \cos\theta_q + \mathrm{i}\sin\theta_q$(参见§19.2),分圆多项式为 $\Phi_q(x) = x^{q-1} + x^{q-2} + \cdots + x + 1$ (参见§19.3),且在真扩域时(19.4)和(19.2)分别为

$$\mathbf{Q} \subset \mathbf{Q}(\cos\theta_q) \subset \mathbf{Q}(\zeta_q), \tag{27.1}$$

$$[\mathbf{Q}(\cos\theta_q) : \mathbf{Q}] = 2^s, \ s \in \mathbf{N}^*. \tag{27.2}$$

§27.2 p 群的一个定理

定义 27.2.1 设群 G 的阶 $|G| = p^n$, 其中 p 是一个素数, $n \in \mathbf{N}^*$, 则称 G 为一个 p 群.

对于 $n = 1$, 令 $G_0 = G$, $G_1 = \{e\}$, 则显然有 $G = G_0 \rhd G_1 = \{e\}$, 其中 $|G_1| = p^{1-1} = 1$, $|G_0| = p$. 依此,我们用数学归纳法可以证明([18] p38)

定理 27.2.1 设 G 是一个 p 群, $|G| = p^n$, 则存在 G 的一个子群列

$$G = G_0 \rhd G_1 \rhd \cdots \rhd G_{i-1} \rhd G_i \rhd \cdots \rhd G_n = \{e\} \tag{27.3}$$

其中 $|G_0|=p^n$，$|G_1|=p^{n-1}$，$\cdots$，$|G_i|=p^{n-i}$，$\cdots$，$|G_n|=1$，而商群 G_{i-1}/G_i，$1\leqslant i\leqslant n$ 是 p 阶循环群.

由此可知 p 群是一个可解群（[10] p26）. 不过，对本书而言，我们只是在 $p=2$ 时应用上述定理.

§27.3　正 n 边形尺规作图的充分条件

(27.1)中的 $\mathbf{Q}$ 和 $\mathbf{Q}(\zeta_q)$ 分别可以看成是 x^q-1 的基域和根域，于是现在就有下列伽罗瓦对应

$$G(\mathbf{Q}(\zeta_q)/\mathbf{Q})\supset G(\mathbf{Q}(\zeta_q)/\mathbf{Q}(\cos\theta_q))\supset\{e\}. \tag{27.4}$$

由例 25.1.2 可知 $G(\mathbf{Q}(\zeta_q)/\mathbf{Q})$ 是循环群，因此是可换群，那么 $G(\mathbf{Q}(\zeta_q)/\mathbf{Q}(\cos\theta_q))$ 就是它的正规子群，所以(27.1)中 $\mathbf{Q}(\cos\theta_q)$ 是 $\mathbf{Q}$ 的正规扩域，因此有 $G(\mathbf{Q}(\cos\theta_q)/\mathbf{Q})$，且根据定理 23.4.2，得出

$$|G(\mathbf{Q}(\cos\theta_q)/\mathbf{Q})|=[\mathbf{Q}(\cos\theta_q):\mathbf{Q}]=2^s, \tag{27.5}$$

即 $G(\mathbf{Q}(\cos\theta_q)/\mathbf{Q})$ 是一个 $p(=2)$ 群. 于是，由定理 27.2.1 有：

$$G(\mathbf{Q}(\cos\theta_q)/\mathbf{Q})=G_0\rhd G_1\rhd\cdots\rhd G_s=\{e\}. \tag{27.6}$$

而 $|G_i|=2^{s-i}$，$i=1,2,\cdots,s$. 与(27.6)对应的域列为

$$\mathbf{Q}=\mathbf{Q}_0\subset\mathbf{Q}_1\subset\cdots\subset\mathbf{Q}_s=\mathbf{Q}(\cos\theta_q), \tag{27.7}$$

于是由例 23.4.2 有 $[\mathbf{Q}_i,\mathbf{Q}_{i-1}]=|G(\mathbf{Q}_s/\mathbf{Q}_{i-1})|/|G(\mathbf{Q}_s/\mathbf{Q}_i)|=|G_{i-1}|/|G_i|=2$. 因此从例 16.3.1 可知 $\mathbf{Q}_i$ 是 $\mathbf{Q}_{i-1}$ 的 2 型纯扩域，且 $\mathbf{Q}_i\subset\mathbf{R}$，而 $\cos\theta_q\in\mathbf{Q}_s$，则从定理 17.3.1 可得 $\cos\theta_q$ 可尺规作图. §27.1 提出的充分条件证毕. 综合定理 19.4.1，最后有：

定理 27.3.1（高斯定理）　正 n 边形可尺规作图的充分条件是 $n=2^r p_1\cdots p_s$，其中 $r,s\in\mathbf{N}$，而 p_j 是具有 $2^{r_j}+1$ 形式的奇素数，$r_j\in\mathbf{N}^*$，$j=1,2,\cdots,s$.

§27.4　作正 17 边形的高斯方法

阐述一下高斯是如何作出正 17 边形的，或者说如何求出 $\cos\dfrac{2\pi}{17}$ 的根式表达式是很有趣味的，因为当时不用说伽罗瓦理论，就连群论、域论都没有，他仅有的数学武器是分圆方程和分圆多项式，当然还有他的"深思". 我们先来看看他的

"深思",而在下一节来剖析一下他的"深思"后面的数学背景.

高斯考虑 $x^{17}-1=0$ 的下列 16 个解,即 $\Phi_{17}(x)=x^{16}+x^{15}+\cdots+x+1=0$ 的全部根

$$\zeta,\ \zeta^2,\ \cdots,\ \zeta^{16},$$

其中
$$\zeta=\cos\frac{2\pi}{17}+\mathrm{i}\sin\frac{2\pi}{17},\tag{27.8}$$

把它们重新排列如下

$$\zeta,\ \zeta^3,\ \zeta^9,\ \zeta^{10},\ \zeta^{13},\ \zeta^5,\ \zeta^{15},\ \zeta^{11},\ \zeta^{16},\ \zeta^{14},\ \zeta^8,\ \zeta^7,\ \zeta^4,\ \zeta^{12},\ \zeta^2,\ \zeta^6.$$
$$\tag{27.9}$$

这里的幂次:1,3,9,10,13,5,$\cdots$,2,6,我们在例 9.5.1 中遇到过,它们是 3^k,$k=0$,1,2,$\cdots$,15 关于 $n=17$ 取同余得到的. 例如在 $k=4$ 时有,$3^4=81=5\times17+13$,因此 $3^4\equiv13(\mathrm{mod}\ 17)$. 这样就得到了上面的 ζ^{13}.

高斯从(27.9)出发,构造其中部分根的一些和,称为根节(period),再利用这些根节一步步地计算出 $\cos2\pi/17$. 具体来说,首先分别构成由(27.9)中奇数项和与偶数项和组成的下列 2 个有 8 个元素和的根节

$$x_1=\zeta+\zeta^9+\zeta^{13}+\zeta^{15}+\zeta^{16}+\zeta^8+\zeta^4+\zeta^2,$$
$$x_2=\zeta^3+\zeta^{10}+\zeta^5+\zeta^{11}+\zeta^{14}+\zeta^7+\zeta^{12}+\zeta^6.\tag{27.10}$$

其次是(27.9)中位置相差 4 的那些根的和. 这样一共能得到如下 4 个有 4 个元素和的根节

$$y_1=\zeta+\zeta^{13}+\zeta^{16}+\zeta^4,\ y_2=\zeta^9+\zeta^{15}+\zeta^8+\zeta^2,$$
$$y_3=\zeta^3+\zeta^5+\zeta^{14}+\zeta^{12},\ y_4=\zeta^{10}+\zeta^{11}+\zeta^7+\zeta^6.\tag{27.11}$$

最后是(27.9)中位置相差 8 的那些根的和. 这种有 2 个元素和的根节应有 8 个,但就我们的目的而言,只需要下列 2 个

$$z_1=\zeta+\zeta^{16},\ z_2=\zeta^{13}+\zeta^4.\tag{27.12}$$

设 $\theta=2\pi/17$,由 $\zeta^k=\cos k\theta+\mathrm{i}\sin k\theta$,且 $\zeta^k+\zeta^{17-k}=2\cos k\theta$,可得

$$x_1=2(\cos\theta+\cos8\theta+\cos4\theta+\cos2\theta),\ x_2=2(\cos3\theta+\cos7\theta+\cos5\theta+\cos6\theta),$$
$$y_1=2(\cos\theta+\cos4\theta),\ y_2=2(\cos8\theta+\cos2\theta),\ y_3=2(\cos3\theta+\cos5\theta),$$
$$y_4=2(\cos7\theta+\cos6\theta),\ z_1=2\cos\theta,\ z_2=2\cos4\theta.\tag{27.13}$$

从这些明晰的表达式可知:(i) 它们都是实数,(ii) 从 $\theta=\dfrac{2\pi}{17}$ 可以得出 $x_1>$

x_2，$y_1 > y_2$，$y_3 > y_4$，$z_1 > z_2$，(iii) $z_1 = 2\cos\dfrac{2\pi}{17}$. 我们的方法就是要从 (27.10)，(27.11)，(27.12) 来求得 z_1 的根式表示.

首先，$x_1 + x_2 = \zeta + \zeta^2 + \cdots + \zeta^{16} = \varPhi_{17}(\zeta) - 1 = -1$，然后用 $2\cos m\theta \cos n\theta = \cos(m+n)\theta + \cos(m-n)\theta$ 计算 $x_1 x_2$. 经过冗长的计算可得 $x_1 x_2 = -4$. 因此 x_1，x_2 是方程

$$t^2 + t - 4 = 0 \tag{27.14}$$

的解 $x_{1,2} = \dfrac{-1 \pm \sqrt{17}}{2}$. 由 $x_1 > x_2$ 可得 $x_1 = \dfrac{-1 + \sqrt{17}}{2}$，$x_2 = \dfrac{-1 - \sqrt{17}}{2}$.

其次，类似地，由 $y_1 + y_2 = x_1$，$y_1 y_2 = -1$ 和 $y_3 + y_4 = x_2$，$y_3 y_4 = -1$ 可知它们分别是

$$t^2 - x_1 t - 1 = 0, \; t^2 - x_2 t - 1 = 0 \tag{27.15}$$

的根. 经过根大、小判定可得：$y_1 = \dfrac{1}{2}(x_1 + \sqrt{x_1^2 + 4}) = \dfrac{1}{4}(\sqrt{17} - 1) + \dfrac{1}{4}\sqrt{34 - 2\sqrt{17}}$，$y_3 = \dfrac{1}{2}(x_2 + \sqrt{x_2^2 + 4}) = \dfrac{1}{4}(-\sqrt{17} - 1) + \dfrac{1}{4}\sqrt{34 + 2\sqrt{17}}$.

最后由 $z_1 + z_2 = y_1$，$z_1 z_2 = y_3$ 可知它们是

$$t^2 - y_1 t + y_3 = 0 \tag{27.16}$$

的根. 由 $z_1 > z_2$，最终有 $z_1 = \dfrac{1}{2}(y_1 + \sqrt{y_1^2 - 4y_3})$. 经过一些运算，可得高斯的结果：

$$\cos\frac{2\pi}{17} = \frac{1}{2}z_1 = -\frac{1}{16} + \frac{1}{16}\sqrt{17} + \frac{1}{16}\sqrt{34 - 2\sqrt{17}} +$$

$$\frac{1}{8}\sqrt{17 + 3\sqrt{17} - \sqrt{34 - 2\sqrt{17}} - 2\sqrt{34 + 2\sqrt{17}}}. \tag{27.17}$$

据此"按图索骥"，可以用尺规作出正 17 边形了（参见 §17.1，§17.2）. 高斯并没有具体地写出其尺规作图的方案，只是由此决定放弃从事古典语文学的研究，专攻数学. 1825 年，瑞士数学家埃尔欣格（J. Erchinger）首次用尺规作出了正 17 边形. 关于尺规作图的更多具体方案，请参阅 [8] 和 [9].

§27.5　从伽罗瓦理论看正 17 边形的尺规作图

由于多项式 $x^{17} - 1$ 的基域为 **Q**，根域为 $E = \mathbf{Q}(\zeta)$，其中 ζ 在 **Q** 上的最小多

项式为分圆多项式 $\Phi_{17}(x)$，因此对于 $\sigma \in G(E/\mathbf{Q}) = G$，有 $\sigma(\zeta)$ 也为 $\Phi_{17}(x)$ 的一个根，从而 σ 一共有 16 种不同情况. 记 $\phi_i(\zeta) = \zeta^i$，则 $G = \{\phi_1, \phi_2, \cdots, \phi_{16}\}$ ([1] p136). 其中 $\phi_3 = \phi$ 有下列性质：$\phi^0(\zeta) = \zeta$，$\phi(\zeta) = \phi_3(\zeta) = \zeta^3$，$\phi^2(\zeta) = \zeta^{3^2}$，$\phi^3(\zeta) = \zeta^{3^3}$，$\cdots$，即 $\phi^i(\zeta) = \zeta^{3^i}$，$i = 0, 1, \cdots, 15$. 而 $\zeta^{17} = 1$，因此 ζ^k 的值应依赖于 k 的模 17 的同余类. 这样，我们就得到了高斯的(27.9)，而且 $G = \langle\phi\rangle$，即 $\phi = \phi_3$ 是 $G(E/\mathbf{Q})$ 的一个生成元. §27.4 中神奇的数字"3"也就得到了诠释.

而 $|G| = 16$，因此 G 是一个 $p(=2)$ 群. 于是根据定理 27.2.1 它有可解群列. 事实上，

$$G = G(E/\mathbf{Q}) = G_0 = \langle\phi\rangle \triangleright G_1 = \langle\phi^2\rangle \triangleright G_2 = \langle\phi^4\rangle \triangleright G_3 = \langle\phi^8\rangle \triangleright G_4 = \{e\}$$
$$(27.18)$$

对应的域列为

$$\mathbf{Q} = \mathbf{Q}_0 \subset \mathbf{Q}_1 \subset \mathbf{Q}_2 \subset \mathbf{Q}_3 \subset \mathbf{Q}_4 = E. \qquad (27.19)$$

因为 G_{i-1}/G_i 都是 2 阶循环群，所以 $[\mathbf{Q}_i, \mathbf{Q}_{i+1}] = 2$. 例如 $\mathbf{Q}_1$ 就是 $\mathbf{Q}_0$ 的 2 型纯扩域. 事实上，高斯已经为我们找到了添加元：容易验证(27.10)中的 $x_1 \notin \mathbf{Q}_0$，且 $\phi^2(x_1) = x_1$，即 $x_1 \in \mathbf{Q}_1$. 因此有 $\mathbf{Q}_1 = \mathbf{Q}_0(x_1)$. 类似地，$y_1 \notin \mathbf{Q}_1$，且 $\phi^4(y_1) = y_1$，即 $y_1 \in \mathbf{Q}_2$，就有 $\mathbf{Q}_2 = \mathbf{Q}_1(y_1)$. 同样，$z_1 \notin \mathbf{Q}_2$，且 $\phi^8(z_1) = z_1$，即 $z_1 \in \mathbf{Q}_3$，即 $\mathbf{Q}_3 = \mathbf{Q}_2(z_1)$. 由 $z_1 = 2\cos\theta$，$\theta = 2\pi/17$，构造 $\mathbf{Q}(\cos\theta)$，可得 $\mathbf{Q}_3 \supseteq \mathbf{Q}(\cos\theta)$. 然后对实域 $\mathbf{Q}(\cos\theta)$ 添加 $x^2 + 1 - \cos^2\theta \in \mathbf{Q}(\cos\theta)[x]$ 的根，便得到扩域 $\mathbf{Q}(\zeta)$，且 $[\mathbf{Q}(\zeta) : \mathbf{Q}(\cos\theta)] = 2$. 但 $E = \mathbf{Q}(\zeta) = \mathbf{Q}_4$，所以 $[\mathbf{Q}(\zeta) : \mathbf{Q}_3] = 2$，这样就推出 $\mathbf{Q}_3 = \mathbf{Q}(\cos\theta)$. 于是有

$$\mathbf{Q} \subset \mathbf{Q}(x_1) \subset \mathbf{Q}(x_1, y_1) \subset \mathbf{Q}(x_1, y_1, z_1) = \mathbf{Q}(\cos\theta)(\subset \mathbf{Q}(\zeta)).$$
$$(27.20)$$

由定理 17.3.1 可知，这一域列明晰地给出了正 17 边形可尺规作图的伽罗瓦理论背景. 还值得一提的是，正 17 边形由均匀分布在图 19.1.1 所示的单位圆上的 17 个点 $A_0, A_1, \cdots, A_{16}$ 给出. 把绕 O 点的，逆时针的 $360°/17$ 转动记为 r，则 17 阶的循环群 $C_{17} = \langle r\rangle$ 刻画了该正 17 边形的几何对称性(参见§10.2). 不过，根据上述它的代数对称性却是由 16 阶循环群 $G(E/\mathbf{Q}) = \langle\phi_3\rangle$ 给出的，这一代数对称性决定了正 17 边形的可尺规作图性. 高斯当时正是发现了这一"隐藏着"的对称性，才使他作出了革命性的突破. 从事后的眼光来看，是不是可以说高斯当时已在"不自觉地"应用伽罗瓦理论了？

第二十八章

对称多项式的牛顿定理

§28.1 一个引理

设 $f(x)$ 是域 K 上的一个 n 次不可约多项式,它的 n 个不同根为 α_1, α_2, $\cdots$, α_n (参见附录 2),由 $f(x)$ 的基域 K,构造它的根域 $E = K(\alpha_1, \alpha_2, \cdots, \alpha_n)$,于是得到 $f(x)$ 在 K 上的伽罗瓦群为 $G(E/K)$.

设 $g(y_1, y_2, \cdots, y_n)$ 是 K 上的任意一个不定元 $y_1, y_2, \cdots, y_n$ 的对称多项式. 令 $w = g(\alpha_1, \alpha_2, \cdots, \alpha_n)$,由于 $\alpha_1, \alpha_2, \cdots, \alpha_n \in E$,所以 $w \in E$. 设 $\sigma \in G(E/K)$,由于 σ 给出根 $\alpha_1, \alpha_2, \cdots, \alpha_n$ 之间的一个置换(定理 23.5.3). 因此,在 σ 的作用下,

$$w \rightarrow \sigma(w) = g(\sigma(\alpha_1), \cdots, \sigma(\alpha_n)) = g(\alpha_1, \alpha_2, \cdots, \alpha_n) = w. \quad (28.1)$$

这表示 σ 使 w 不变,即 $w = g(\alpha_1, \alpha_2, \cdots, \alpha_n) \in K$. 因此有:

引理 28.1.1 设 $f(x) \in K[x]$ 是一个 n 次不可约多项式,它的 n 个不同根为 $\alpha_1, \alpha_2, \cdots, \alpha_n$,$g(y_1, y_2, \cdots, y_n)$ 是域 K 上的一个 n 个不定元 $y_1, y_2, \cdots, y_n$ 的对称多项式,则

$$w = g(\alpha_1, \alpha_2, \cdots, \alpha_n) \in K.$$

§28.2 牛顿定理

设 $f(x) = (x-\alpha_1)(x-\alpha_2)(x-\alpha_3) = x^3 - \sigma_1 x^2 + \sigma_2 x - \sigma_3$ 满足上述引理中的条件,其中 $\sigma_1 = \alpha_1 + \alpha_2 + \alpha_3$, $\sigma_2 = \alpha_1\alpha_2 + \alpha_1\alpha_3 + \alpha_2\alpha_3$, $\sigma_3 = \alpha_1\alpha_2\alpha_3$ 是 $n=3$ 时的初等对称多项式,则 $f(x)$ 的基域 $K = F(\sigma_1, \sigma_2, \sigma_3)$,根域 $E = K(\alpha_1, \alpha_2, \alpha_3)$.

设 $g(y_1, y_2, y_3)$ 是域 K 上的 3 个不定元 y_1, y_2, y_3 的一个对称多项式,于是由上述引理可知 $g(\alpha_1, \alpha_2, \alpha_3) \in K = F(\sigma_1, \sigma_2, \sigma_3)$,即 $g(\alpha_1, \alpha_2, \alpha_3)$ 可用初

等对称多项式 σ_1，σ_2，σ_3 的多项式来表示(定理 16.3.1). 把这一特例推广到一般,并不用 $g(y_1，y_2，\cdots，y_n)$ 过渡,我们就有(参见§4.1和§4.2).

定理 28.2.1(牛顿定理)　域 F 上关于 n 个变量 α_1，α_2，$\cdots$，α_n 的任意一个对称多项式都可以表示为初等对称多项式 σ_1，σ_2，$\cdots$，σ_n 的一个多项式.

附 录

　　在这一附录中,我们导出了计算复数乘幂的棣莫弗公式,证明了关于两个正整数最大公因数的贝祖等式,给出了计算三次方程的判别式 D 的方法与结果,以及阐明了多项式方程的重根问题.

附录 1

关于复数的指数形式表示与三角形式表示之间的一个联系
——棣莫弗公式

对于连续函数 $y = f(x)$,我们定义它的导函数为

$$y' = \lim_{\Delta x \to 0} \frac{f(x + \Delta x) - f(x)}{\Delta x}. \tag{1}$$

于是利用

$$\begin{aligned}
&\sin(\alpha + \beta) = \sin \alpha \cos \beta + \cos \alpha \sin \beta, \\
&\cos(\alpha + \beta) = \cos \alpha \cos \beta - \sin \alpha \sin \beta, \\
&\lim_{\Delta x \to 0} \frac{\sin \Delta x}{\Delta x} = 1,
\end{aligned} \tag{2}$$

不难得出

$$\begin{aligned}
&(\sin x)' = \cos x, \ (\sin x)'' = -\sin x, \ (\sin x)^{(3)} = -\cos x, \cdots, \\
&(\cos x)' = -\sin x, \ (\cos x)'' = -\cos x, \ (\cos x)^{(3)} = \sin x, \cdots.
\end{aligned} \tag{3}$$

下面我们来对 $y = \mathrm{e}^x$,求 $(\mathrm{e}^x)'$. 为此先从 e 的定义

$$\mathrm{e} = \lim_{t \to 0}(1 + t)^{\frac{1}{t}}, \tag{4}$$

有

$$\lim_{t \to 0} \frac{\ln(1 + t)}{t} = \lim_{t \to 0} \ln(1 + t)^{\frac{1}{t}} = \ln \lim_{t \to 0}(1 + t)^{\frac{1}{t}} = 1. \tag{5}$$

再则令 $t = \mathrm{e}^{\Delta x} - 1$,则有

$$\Delta x = \ln(1 + t), \tag{6}$$

以及

$$\Delta x \to 0 \text{ 时}, t \to 0. \tag{7}$$

于是有

$$(\mathrm{e}^x)' = \lim_{\Delta x \to 0} \frac{\mathrm{e}^{x+\Delta x} - \mathrm{e}^x}{\Delta x} = \mathrm{e}^x \lim_{\Delta x \to 0} \frac{\mathrm{e}^{\Delta x} - 1}{\Delta x}$$

$$= \mathrm{e}^x \lim_{t \to 0} \frac{t}{\ln(1+t)} = \mathrm{e}^x. \tag{8}$$

这样就有

$$(\mathrm{e}^x)' = \mathrm{e}^x, \ (\mathrm{e}^x)'' = \mathrm{e}^x, \ (\mathrm{e}^x)^{(3)} = \mathrm{e}^x, \cdots. \tag{9}$$

有了这些准备后，利用 $f(x)$ 的麦克劳林展开

$$f(x) = f(0) + f'(0)x + \frac{f''(0)}{2!}x^2 + \frac{f^{(3)}(0)}{3!}x^3 + \cdots, \tag{10}$$

就不难得出

$$\sin x = x - \frac{x^3}{3!} + \frac{x^5}{5!} - \cdots, \tag{11}$$

$$\cos x = 1 - \frac{x^2}{2!} + \frac{x^4}{4!} - \cdots, \tag{12}$$

$$\mathrm{e}^x = 1 + x + \frac{x^2}{2!} + \frac{x^3}{3!} + \frac{x^4}{4!} + \frac{x^5}{5!} + \cdots. \tag{13}$$

于是在(13)中，令 $x = \mathrm{i}\theta$，就有：

$$\mathrm{e}^{\mathrm{i}\theta} = 1 + \mathrm{i}\theta - \frac{\theta^2}{2!} - \frac{\theta^3}{3!}\mathrm{i} + \frac{\theta^4}{4!} + \frac{\theta^5}{5!}\mathrm{i} - \cdots$$

$$= \left(1 - \frac{\theta^2}{2!} + \frac{\theta^4}{4!} - \cdots\right) + \mathrm{i}\left(\theta - \frac{\theta^3}{3!} + \frac{\theta^5}{5!} - \cdots\right) \tag{14}$$

$$= \cos\theta + \mathrm{i}\sin\theta,$$

此即(4.13). 在(14)中，令 $\theta = nx$，则有

$$\mathrm{e}^{\mathrm{i}nx} = (\cos x + \mathrm{i}\sin x)^n \tag{15}$$

$$= \cos nx + \mathrm{i}\sin nx,$$

此即计算复数乘幂的棣莫弗公式.

关于两个正整数最大公因数的一个关系式
——贝祖等式

定理 1.1 设 $a, b \in \mathbf{N} - \{0\} = \mathbf{N}^*$，则存在 $u, v \in \mathbf{Z}$，使得 a, b 的最大公因数 $(a, b) = ua + vb$.

证明 对于 $a, b \in \mathbf{N}^*$，构造 $U = \{x \mid x \in \mathbf{N}, x = ma + nb, m, n \in \mathbf{Z}\}$. 由 $a = 1 \cdot a + 0 \cdot b, b = 0 \cdot a + 1 \cdot b$ 可知 $a, b \in U$，所以 $U \neq \varnothing$. 因此在其中有最小元 $d = ua + vb, u, v \in \mathbf{Z}$. 对于 d 以及对任意 $x \in U$，有 $d \mid x$. 否则的话，则存在 $q, r \in \mathbf{N}, 0 < r < d$，有 $x = qd + r$. 而 $x = ma + nb$，就有 $r = x - qd = (m - qu)a + (n - qv)b$，从而 $r \in U$. 而 $0 < r < d$，这与 d 是 U 中最小的数矛盾. 所以 $d \mid x, \forall x \in U$. 因此 d 是 a, b 的公因子，从而 $1 \leqslant d \leqslant (a, b)$. 然而 $d = ua + vb$，所以 $(a, b) \mid d$. 因此 $d = (a, b) = ua + vb$.

特别地，当 a, b 互素时，即当 $(a, b) = 1$ 时，有 $ua + vb = 1, u, v \in \mathbf{Z}$.

附录 3

计算三次方程的判别式 D

对于三次方程 $x^3 + rx^2 + px + q = 0$ 的 3 个根 α_1，α_2，α_3 定义的

$$\Delta = (\alpha_1 - \alpha_2)(\alpha_2 - \alpha_3)(\alpha_3 - \alpha_1)$$

可用范德蒙行列式表示为

$$\Delta = \begin{vmatrix} 1 & 1 & 1 \\ \alpha_1 & \alpha_2 & \alpha_3 \\ \alpha_1^2 & \alpha_2^2 & \alpha_3^2 \end{vmatrix} = \begin{vmatrix} 1 & \alpha_1 & \alpha_1^2 \\ 1 & \alpha_2 & \alpha_2^2 \\ 1 & \alpha_3 & \alpha_3^2 \end{vmatrix}$$

引入 $\pi_i = \alpha_1^i + \alpha_2^i + \alpha_3^i$，$i = 0, 1, 2, 3, 4$，应用行列式的乘法，则可得

$$D = \Delta^2 = \begin{vmatrix} 1 & 1 & 1 \\ \alpha_1 & \alpha_2 & \alpha_3 \\ \alpha_1^2 & \alpha_2^2 & \alpha_3^2 \end{vmatrix} \cdot \begin{vmatrix} 1 & \alpha_1 & \alpha_1^2 \\ 1 & \alpha_2 & \alpha_2^2 \\ 1 & \alpha_3 & \alpha_3^2 \end{vmatrix} = \begin{vmatrix} \pi_0 & \pi_1 & \pi_2 \\ \pi_1 & \pi_2 & \pi_3 \\ \pi_2 & \pi_3 & \pi_4 \end{vmatrix}$$

$$= \pi_0 \pi_2 \pi_4 + 2\pi_1 \pi_2 \pi_3 - \pi_2^3 - \pi_0 \pi_3^2 - \pi_1^2 \pi_4$$

注意到 π_i 是 α_1，α_2，α_3 的对称多项式，因此可用初等对称多项式 $\alpha_1 + \alpha_2 + \alpha_3 = -r$，$\alpha_1 \alpha_2 + \alpha_2 \alpha_3 + \alpha_3 \alpha_1 = p$，$\alpha_1 \alpha_2 \alpha_3 = -q$ 表示. 事实上，稍作计算后，有 $\pi_0 = 3$，$\pi_1 = -r$，$\pi_2 = r^2 - 2p$，$\pi_3 = -r^3 + 3rp - 3q$，$\pi_4 = r^4 - 4r^2 p + 4rq + 2p^2$. 于是最后有

$$D = -4r^3 q - 27q^2 + 18rpq - 4p^3 + r^2 p^2$$

当 $r = 0$ 时，有

$$D = -27q^2 - 4p^3$$

附录 4

多项式方程的重根问题

设 n 次多项式方程

$$f(x) = a_n x^n + a_{n-1} x^{n-1} + \cdots + a_1 x^1 + a_0 \in F[x], \ a_n \neq 0, \ n \geqslant 1, \quad (1)$$

由代数基本定理可知：在 **C** 中有

$$f(x) = a_n (x - \alpha_1)^{n_1} (x - \alpha_2)^{n_2} \cdots (x - \alpha_s)^{n_s}. \quad (2)$$

其中 α_1，α_2，$\cdots$，α_s 是 $f(x)$ 的不同根. 当 $n_i \geqslant 2$ 时，称 a_i 是 n_i 重根；当 $n_j = 1$ 时，称 a_j 是单根. 对于一个具体的 $f(x) = 0$ 来说，用近似的方法求出所有根，从而判断某一根是单根还是重根是可行的，但这样一来就没有相关的一些理论了. 这好比对于任意高次多项式方程，我们都可以用近似的方法，从数值上得到它的所有解，而且在实际上也确实是这样去做的. 不过，倘若不去讨论方程的根式求解问题，我们就得不出优美的伽罗瓦理论，也就不会出现随后的近世代数学等了.

为此我们对于上述 $f(x)$ 定义下列 $n-1$ 次多项式 $f'(x)$，称为 $f(x)$ 的一阶形式导数

$$f'(x) = na_n x^{n-1} + (n-1)a_{n-1} x^{n-2} + \cdots + a_1. \quad (3)$$

例如 $f(x) = 3x^4 + 2x^3 + 4x^2 - 2x + 5$，就有 $f'(x) = 12x^3 + 6x^2 + 8x - 2$. 由 $f(x)$ 得出 $f'(x)$ 的规定，不难得出求形式导数这一运算"'"的下列两个法则：

$$(f(x) + g(x))' = f'(x) + g'(x);$$
$$(f(x)g(x))' = f'(x)g(x) + f(x)g'(x). \quad (4)$$

有了多项式 $f(x)$ 的这一新运算后，我们来研究 $f(x)$ 有重根以及有单根的情况.

例如，设 $x = 1$ 是 $f(x)$ 的一个 2 重根，即 $f(x) = (x-1)^2 g(x)$. 于是 $f'(x) = 2(x-1)g(x) + (x-1)^2 g'(x)$，所以 $x = 1$ 也是 $f'(x)$ 的一个根. 若 $x = 1$ 是 $f(x)$ 的一个单根，即 $f(x) = (x-1)g(x)$，则 $f'(x) = g(x) + (x-$

$1)g'(x)$，而 $f'(1)=g(1)\neq 0$，所以 1 不是 $f'(x)$ 的根. 由此，不难在一般情况中得出

定理 2.1　如果 α 是 $f(x)$ 的一个重根，则 α 也是 $f'(x)$ 的一个根. 如果 α 是 $f(x)$ 的一个单根，则 α 不是 $f'(x)$ 的根.

依此，我们来研究域 F 上的不可约多项式 $f(x)$. 设 α 是 $f(x)$ 的一个根，那么 α 或是单根，或是重根. 后一种情况是不可能的，因为此时 $f(x)$ 的次数 $n\geqslant 2$，而 $a_n\neq 0$，由定理 2.1 可知 $f'(\alpha)=0$，而 $f(\alpha)=0$，且 $f(x)$ 是不可约的，因此 $f(x)$ 是 α 在 F 上满足的最小多项式，所以 $f(x)\,|\,f'(x)$. 而 $f'(x)$ 次数比 $f(x)$ 低 1 次，所以只能是 $f'(x)=0$，即(3)式等于 0，从而 $a_n=0$，这就与 $a_n\neq 0$ 矛盾了. 于是有

定理 2.2　域 F 上的不可约多项式 $f(x)$ 没有重根.

参 考 文 献

［1］ 外尔. 对称［M］. 冯承天,陆继宗,译. 北京：北京大学出版社，2018.

［2］ 密勒,W. 对称性群及其应用［M］. 栾德怀,冯承天,张民生,译. 北京：科学出版社，1981.

［3］ 怀邦,B. G. 典型群及其在物理学上的应用［M］. 冯承天等,译. 北京：科学出版社，1982.

［4］ 冯承天,余扬政. 物理学中的几何方法［M］. 哈尔滨：哈尔滨工业大学出版社，2018.

［5］ 纳欣,P. J. 虚数的故事［M］. 朱惠霖,译. 上海：上海教育出版社，2008.

［6］ 休森,S. F. 数学桥：对高等数学的一次观赏之旅［M］. 邹建成等,译. 上海：上海科技教育出版社，2010.

［7］ 阿丁,E. 伽罗华理论［M］. 李英,译. 上海：上海科学技术出版社，1959.

［8］ 刘长安,王春森. 伽罗华理论基础［M］. 北京：电子工业出版社，1989.

［9］ 徐诚浩. 古典数学难题与伽罗瓦理论［M］. 上海：复旦大学出版社，1986.

［10］ 南基洙. 域和 Galois 理论［M］. 北京：科学出版社，2009.

［11］ 冯克勤,李尚志,章璞. 近世代数引论［M］第三版. 合肥：中国科学技术大学出版社，2009.

［12］ 熊全淹. 近世代数学［M］. 上海：上海科学技术出版社，1963.

［13］ 德比希,J. 代数的历史：人类对未知量的不舍追踪［M］. 冯速,译. 北京：人民邮电出版社,2010.

［14］ 利维奥·M. 无法解出的方程：天才与对称［M］. 王志标,译. 长沙：湖南科学技术出版社,2008.

［15］ Dickson, L. E. 代数方程式论［M］. 黄缘芳,译. 上海：中华书局，1936.

［16］ Adamson I. T. Introduction to Field Theory［M］. Dover Publications，1982.

［17］ Barnes, W. E. Introduction to Abstract Algebra［M］. D. C. Heath and Company，1963.

［18］ Bewersdorff J. Galois Theory for Beginners［M］. A Historical Perspective. AMS，2006.

［19］ Birkhoff, G and MacLane, S. A Survey of Modern Algebra［M］. The Macmillan Co.，1953.

［20］ Clark, A. Elements of Abstract Algebra［M］. Wadsworth，1971.

［21］ Durbin, J. R. Modern Algebra, An Introduction［M］. John Wiley & Sons,

Inc. , 1992.

[22] Edwards, H. M. Galois Theory [M]. Springer-Verlag, 1984.

[23] Maxfield, J. E. and Maxfield, M. W. Abstract Algebra and Solution by Radicals [M]. Dover Publications, 2010.

[24] Postnikov, M. M. Foundation of Galois Theory [M]. Dover Publications, 2004.

[25] Rotman, J. Galois Theory [M]. Springer, 2001.

[26] Stewart, I. Galois Theory [M]. Chapaman & Hall/CRC, 1998.